东南大学校级规划教材

Theory and Application of Optimization Modeling for Water Supply Network

供水管网优化建模理论及应用

王玉敏·编著

东南大学出版社
SOUTHEAST UNIVERSITY PRESS
·南京·

内容简介

本书较全面地介绍了供水管网优化建模理论及应用，内容涵盖：供水管网优化建模理论，包括水力水质计算基础、EPANET 系列软件、目标函数、约束条件；传统优化设计方法，包括枚举法、线性规划、非线性规划、动态规划；元启发式优化设计方法，包括模拟退火算法、人工神经网络、遗传算法、差分进化算法、粒子群优化算法、混合蛙跳算法、蚁群优化算法、多目标优化算法、不确定条件下优化等基础内容，梳理了供水管网优化领域涉及的基础理论和算法。

本书可作为高等工科院校给水排水工程和环境类等专业的"给水排水管网系统"课程的教材和教学参考书，也可作为其他专业和有关科技人员的参考书。

图书在版编目(CIP)数据

供水管网优化建模理论及应用 / 王玉敏编著.

南京：东南大学出版社，2025. 2. -- ISBN 978-7-5766-1923-2

Ⅰ. TU991.62

中国国家版本馆 CIP 数据核字第 2025CM0695 号

责任编辑：丁 丁　　责任校对：韩小亮　　封面设计：王 玥　　责任印制：周荣虎

供水管网优化建模理论及应用

Gongshui Guanwang Youhua Jianmo Lilun ji Yingyong

编　　著	王玉敏
出版发行	东南大学出版社
出 版 人	白云飞
社　　址	南京市四牌楼 2 号　邮编：210096
网　　址	http://www.seupress.com
电子邮箱	press@seupress.com
经　　销	全国各地新华书店
印　　刷	广东虎彩云印刷有限公司
开　　本	700 mm×1000 mm　1/16
印　　张	6.5
字　　数	103 千字
版 印 次	2025 年 2 月第 1 版第 1 次印刷
书　　号	ISBN 978-7-5766-1923-2
定　　价	58.00 元

本社图书若有印装质量问题，请直接与营销部联系，电话：025 - 83791830。

PREFACE 前 言

城市供水管网是城市基础设施建设的重点领域,是推动城市生产发展与居民健康生活的重要基础设施。伴随着我国经济进入高质量发展的新态势以及居民对高质量生活的新要求,城市供水管网系统也面临着新的挑战。由于其基建投资造价高、投资偿还期长,人们常常以基建投资费用和运行费用最低作为目标,用各种方法对供水管网设计进行优化。然而经济性目标在管网规划与设计中并不是唯一的目标,还应当考虑到影响水在管网中安全输配的多种因素,如管网可靠性、水质安全性等。因此,建立供水管网优化模型,利用计算机和数学优化理论,求得模型的最优解,对于节约工程投资、保障工程可持续运行、提高工程的经济和社会效益具有重要意义。

供水管网优化设计一般采用搜索方法,传统优化设计主要采用线搜索方法,而元启发式优化设计采用随机搜索方法。近年来,随着计算机的普及和应用,各种元启发式算法大量应用于供水管网优化设计研究,取得了一定的成果。

本书由王玉敏主编,共5章。第1章介绍供水管网优化理论的研究意义、研究现状及国内外研究进展。第2章介绍供水管网优化理论、EPANET系列软件、目标函数及约束条件。第3章介绍优化设计方法,包括传统优化设计和元启发优化设计方法。第4章介绍多目标优化算法。第5章介绍不确定条件下优化算法。书后附有参考文献和缩写表。

本书在编写过程中,得到校内外有关师生和同志的关心、支持和帮助,在此表示由衷的感谢。

由于我们的水平有限,时间较紧,书中不妥之处恳请读者提出批评和指正。

作者
2024年6月

CONTENTS 目 录

第1章 绪论 ········· 001
  1.1 供水管网优化建模的目的和任务 ········· 001
  1.2 国内外研究进展 ········· 002
    1.2.1 水力优化建模 ········· 002
    1.2.2 水质优化建模 ········· 005
    1.2.3 可靠性优化建模 ········· 007
    1.2.4 优化算法进展 ········· 008

第2章 **供水管网优化建模理论** ········· 011
  2.1 供水管网水力水质计算基础 ········· 011
    2.1.1 供水管网水力计算基础 ········· 011
    2.1.2 供水管网水力计算的求解方法 ········· 014
    2.1.3 供水管网水质计算基础 ········· 016
    2.1.4 供水管网水质计算的求解方法 ········· 018
  2.2 供水管网模拟软件 EPANET 系列软件 ········· 019
    2.2.1 管网水力模拟 ········· 020
    2.2.2 管网水质模拟 ········· 020
  2.3 供水管网优化目标函数 ········· 022
    2.3.1 供水管网建设运行费用最小 ········· 022
    2.3.2 供水管网的漏失量最小 ········· 025
    2.3.3 加氯费用最小 ········· 025
    2.3.4 加氯量最小 ········· 026
    2.3.5 节点水龄最小 ········· 026
    2.3.6 供水管网水力水质熵值最大 ········· 027

2.4 约束条件 ·· 027
　　2.4.1 管径规格化约束 ·· 027
　　2.4.2 节点水压约束 ·· 027
　　2.4.3 管段流速约束 ·· 028
　　2.4.4 节点水力可靠性约束 ··· 028
　　2.4.5 各监测点总余氯满足水质标准 ··· 028
　　2.4.6 管径约束条件 ·· 028

第3章　优化设计方法 ·· 030

3.1 传统优化设计方法 ·· 030
　　3.1.1 枚举法 ··· 030
　　3.1.2 线性规划法 ··· 030
　　3.1.3 非线性规划法 ·· 031
　　3.1.4 动态规划法 ··· 032
3.2 现代元启发式优化设计方法 ·· 033
　　3.2.1 模拟退火算法 ·· 034
　　3.2.2 人工神经网络 ·· 035
　　3.2.3 遗传算法 ·· 036
　　3.2.4 差分进化算法 ·· 043
　　3.2.5 粒子群优化算法 ··· 045
　　3.2.6 混合蛙跳算法 ·· 049
　　3.2.7 蚁群优化算法 ·· 056
　　3.2.8 和声搜索算法 ·· 059

第4章　多目标优化算法 ·· 063

4.1 多目标优化模型求解 ··· 064
　　4.1.1 多目标遗传算法 ··· 065
　　4.1.2 强度帕累托进化算法 ··· 065
　　4.1.3 非支配排序遗传算法 ··· 065
　　4.1.4 其他算法 ·· 067
　　4.1.5 NSGA-Ⅱ算法 ·· 067

    4.1.6 高维自适应多目标进化算法 ·················· 069
 4.2 多属性决策方法 ································ 072
第5章 不确定条件下优化算法 ································ 074
 5.1 不确定优化理论 ································ 074
 5.2 模糊机会约束优化模型 ·························· 075
    5.2.1 目标函数 ································ 075
    5.2.2 约束条件 ································ 076
    5.2.3 模型求解 ································ 077
    5.2.4 模型应用 ································ 081

参考文献 ·· 085
缩写表 ··· 095

第1章 绪 论

1.1 供水管网优化建模的目的和任务

城市供水管网(包括输水和配水管网)是城市基础设施建设的重要领域,是城市给水系统的重要组成部分,它担负着把水安全、可靠地输配到用户,并满足用户对水量、水压和水质的要求。供水管网的建设投资占整个供水系统投资的70%~80%。随着社会的发展和人民生活水平的提高,人们对自来水的供应质量提出越来越高的要求,这就使得自来水企业供水不仅要水量充足、水压稳定,还要不断提高水质。目前,我国城市供水现状面临着许多十分严峻的问题,主要表现在以下几个方面:

1) 供水管网漏损严重

由于管网陈旧老化,管材质量参差不齐,设计、施工中存在问题,闸阀、消防栓漏水等原因,致使供水管网漏损比较严重,漏损率总体呈上升趋势。据不完全统计,2002—2008年全国城市供水管网平均漏损率从7.89%增加到18.63%。

2) 供水管网水质难以保障

我国90%以上的自来水厂采用氯消毒工艺,为使管网余氯达到水质标准,传统上一般在管网前端进行加氯消毒,然而会造成前端节点余氯过高(>4.0 mg/L),导致与水中的有机物反应生成致癌消毒副产物,引起嗅和味等问题,而末梢节点水龄过长,导致余氯不足(<0.2 mg/L)、微生物滋生风险增高的现象。

3) 供水管网可靠性难以保障

由于过去城市供水管网的布置不尽合理,加上管网系统的改建、扩建滞后于城市供水范围的迅速扩大,因此很难保证管网供水的水力可靠性。

就我国现行的国力和自来水企业的现状来看,大规模地更换基础设施以提高服务质量是不现实的,因此,供水行业要立足于现有的设备条件和设施状况,围绕着水量、水压、水质、可靠性目标中的某一个或某几个目标开展研究,进行供水管网的优化设计。研究如何协调供水系统中各子系统之间以及内部的关系,对其进行科学的优化设计,降低工程造价和保证供水安全。在满足优质保量的供水要求和尽量节省运行开支的基础上,达到经济效益与社会效益的"双赢"[1-2]。

1.2 国内外研究进展

1) 水力优化建模

城市供水管网的运行需要合理的调度,使管网在满足供水要求的前提下,让管网的压力更合理、水质更优良、经济更节约,通过建立供水管网微观模型及优化调度模型,运用数学最优化技术,控制城市供水管网的水压和水量是国内外供水行业进行供水管网优化的一个重要方面[3-4]。

2) 水质优化建模

饮用水水质是引起人类急慢性健康风险的主要原因,80%以上的水传播疾病的暴发与饮用水水质密切相关,随着人民生活水平的提高,对饮用水水质产生了更高标准的需求。随着城市化进程的推进,城市供水管网结构和功能日趋复杂,传统的出厂水加氯措施难以解决供水管网余氯空间分布不均的情况,造成管网起始端余氯过高导致致癌消毒副产物过量形成和管网末梢余氯衰减导致微生物风险增加,建立加氯优化模型及水质监测点优化模型,稳定管网水质,也是供水管网优化的一个重要方面[5-8]。

3) 可靠性优化建模

为了保证供水系统安全不间断地供应水质良好的城市用水,供水系统必须具有较好的安全可靠度。通过建立供水管网可靠度模型,进行供水系统的改建、扩建优化设计,为设计人员、管理人员和领导提供科学的决策依据,具有极为重要的理论和现实意义[9-11]。

国内外学者对以上三个方面的供水管网优化建模始于20世纪60年代末,经过50多年的发展和完善,管网优化设计模型和算法在供水管网工程实践中得到了较为广泛的应用,成为提高系统设计水平和设计效率的重要工具。

1.2.1 水力优化建模

以往供水系统的设计往往通过满足水力约束(即节点压力和管道速度)来

最小化系统成本,但却极易受到不确定的未来条件影响(如气候快速变化、系统故障等),不能保证系统的鲁棒性、冗余性;Choi 等建立了基于系统冗余(即拓扑冗余和机械冗余)和建设成本的多目标模型,结果表明,应同时考虑拓扑冗余和机械冗余,以获得结构和水力方面稳定的设计[12]。

赵美玲等基于水务公司供水现状和实际业务需求,采用先进的计算机和网络技术,开发了基于在线模型的供水管网优化调度系统,包括实时监测、水量预测、日常调度、智能调度、调度控制等功能模块。系统支持两级调度方式、自动生成 水厂及泵站的调度指令,具有强大的监测、预警、决策、调度管理和展示能力,能够辅助实现科学合理的供水调度,提高企业的经济效益[13]。

杨佳莉等针对旅游古城镇市政管网消防供水能力不足,而传统方法存在消防设计流量取值偏小、消防工况选取不合理等问题,提出考虑多消防工况供水管网优化设计方法。将不同工况下最小要求水压作为约束条件,以管网中所有管道管径作为决策变量,构建以管网造价为目标函数的优化问题,采用差分进化算法求解满足不同工况约束且经济上最优的设计方案。将所提出的方法用于丽江大研古镇供水管网优化设计,结果表明,优化后的管网方案较传统方案的整体消防供水能力提升约 6 L/s,而管网造价较传统方案减少约 8%,且优化后典型建筑物消防供水能力达到了设计要求[14]。

目前的供水管网优化中存在两个主要的不足:一是多目标优化的研究相对有限;二是成本目标函数仅基于管道的长度和直径来计算,而节点中违反允许压力限制的成本(低于或高于允许压力范围)未得到重视。因此 Zarei 提出了多目标优化,一是成本最小化,二是水头损失最小化,并且在成本函数中添加了违反允许压力范围导致的成本增加。其目的是用最少迭代次数、最短收敛时间获得管道直径最优解,应用于双环管网和 Lansey 管网。结果表明,与传统的成本函数只考虑管径和管长的计算方法相比,双环管网和 Lansey 管网在成本函数中考虑超过允许压力范围的代价后,收敛速度显著增加,迭代次数显著减少。这对于更复杂的供水管网中优化结构和减少寻找最优解的时间具有重要意义[15]。

供水管网模拟是供水系统规划和管理的关键要素,Housh 介绍了模拟计算水头-流量方程的不同公式,在维度、计算成本和求解精度方面与传统计算公式有所不同,利用矩阵补全技术来构建一个缩小范围非线性方程组,以保证质量和能量守恒。新方法的优点在于保持了计算结果可接受精度的同时，运行时间方面存在优越性[16]。

对于一个灌区来说，以往的供水模型会先假设供水量，再根据水量来调度流量和时间。这种供水模型存在诸多误差与不足，因此 Fan 等结合最优供水模型和水资源配置模型，建立两者耦合的供水模型。其中心思想就是将整个大系统分解为若干个子问题，然后根据大系统的要求，使各个子系统相互协调，以获得整个大系统的最优目标。故该耦合模型选择大系统分解-协调技术来构建和解决问题，将水资源配置与运河优化供水耦合模型设计为基于大系统分解-协调的两层模型。该模型同时拥有多个决策变量和目标函数，采用非支配排序遗传算法(NSGA-Ⅱ)与精英策略算法，对所建模型进行求解，将其实践于黄河灌区的簸箕李灌区，使得农业配水满意度提高了 70%～80%，在提高整体水费收益的同时，还降低了配水总渗漏损失[17]。

Qiu 提出了同时进行最低成本设计和运行的解析算法，可以取代进化算法，也可以与进化算法混合以提高其性能。改进了两阶段方法，在线性规划阶段和非线性规划阶段之间引入一个中间阶段，既解决了原两阶段方法的局限性，又保持了其相对于其他现有分析方法的优势。当采用混合方法时，可以使用解析算法来初始化进化算法，以获得增强的性能[18]。

供水管网中传感器的优化放置对渗漏检测精度和识别能力有重要影响，Hu 提出一种基于改进分层算法的传感器优化放置方案，通过使用联合熵作为传感器放置目标函数顺序选择传感器来工作，并充分考虑单个传感器故障的各种场景，以确保传感器故障期间的信息熵损失最小。统计分析表明，改进方案对泄漏检测和识别具有更高的鲁棒性和适应性[19]。

供水管网分区计量区域(DMA)设计具有挑战性，需要同时解决多个目标。Sharma 等考虑了四个目标：实施的总成本、压力偏差、弹性指标、顾客满意度，提出一种多步骤 DMA 设计方法：(1) 利用快速纽曼算法(FNA)识别社区；(2) 采用非支配排序遗传算法(NSGA-Ⅲ)求解多目标边界优化问题，获得一组良好的 DMA 设计方案；(3) 采用多属性决策方法(MADM)，根据优先级给各个目标分配权重，从而选出最佳方案。结果表明，所提出的方法可以有效地识别多目标的 DMA[20]。

1.2.2 水质优化建模

供水管网中的水质恶化与水在管网中的停留时间(水龄)有关,一些先前的研究提出了阀门管理的优化程序,但这些研究通常基于确定性的用户需求模式,不能有效改善压力和水质。Marquez Calvo 考虑了需求不确定性,提出最佳阀门状态配置回路(LOC)算法,与鲁棒优化(RO)及鲁棒性概率分析(PAR)结合,应用于四个不同规模和复杂度的管网。结果表明,鲁棒性优化的解决方案更适合在需求不确定的情况下实施,并且具有较高的可靠性。对于保证管网性能的阀门配置,减少水龄,保护供水管网水质有重要意义[21]。

米吉提提出供水管网综合水龄指数,创建了管网水力多目标优化调度模型,以新疆阜康市城关镇供水管网为例,对模型进行验证。结果表明,供水管网多目标优化调度对于流量大的节点水龄改善效果显著,而对于流量较小的管段末端节点,水龄优化效果并不理想,必须综合采用水力调度和管段冲洗等方式才能达到水龄优化的效果[22]。

在推进供水管网修复时,单目标优化多考虑经济因素,而多目标优化则会综合考虑管网节点处的压力违规、管网节点的水质缺陷以及管道速度限制导致的潜在沉积问题等。为优化计算高度复杂的环形供水管网,Sarbu 全面、系统地概述了多种确定性和启发式方法,介绍了实际应用的最新进展,指出未来供水管网优化的研究应侧重于结合不同优化技术的特定优势的混合方法[23]。

饮用水系统发生污染可能威胁到大量人口,高效的消防栓冲洗可以显著减少对公众健康的影响,为提高污染物检测效率和使用消火栓策略高效排放污染物,Khaksar 从水质传感器的最佳布局角度考虑,基于 k-sensor 进化算法开发了一种 k 均值聚类模型,通过空间限制潜在污染区域和消火栓应打开或关闭的区域,确定 k 个水质传感器的最佳布局,以提高检测后污染物的排放质量。应用于 Mesopolis 管网,优化了 10 个水质传感器布局,导致 76% 的检测概率,平均检测时间为 8.2 h。新方法模型不会降低污染物检测概率,并且在消火栓冲洗策略上性能更优,在检测到污染事件后有效排放污染物方面具有良好的应用前景[24]。

为优化供水管网加氯站的加氯剂量,Boccelli 等提出多阶段线性规划模型,应用线性叠加原理反映节点受到多加氯站的累积效应,将已知加氯站位置的消毒剂注入率(MIR)作为决策变量,使所有系统节点处的氯浓度保持在规定的最小和最大限值之间,以降低水消毒成本和供水管网中消毒副产物(DBP)的形成[25]。

Tryby 等扩展了 Boccelli 的工作,将消毒剂注入率(MIR)最小化作为目标函数,将加氯站位置作为第二决策变量,并比较了恒定和流量比例加氯类型。使用分支定界技术求解混合整数线性规划问题[26]。

Munavalli 等将多个加氯站的氯气注入率最小化作为目标函数,将优化问题表述为网络中监测节点处余氯模拟限值和最低标准限值之间的平方差之和,使用单目标遗传算法求解非线性最小平方优化问题[27]。

Prasad 等提出了多目标加氯站优化方法,以最小化总消毒剂注入率(MIR),并最大限度地增加向管网供应的安全饮用水量,采用非支配排序遗传算法(NSGA-Ⅱ)求解。所有需求节点都被视为可选加氯节点,这与 Tryby 等对需求节点进行修剪以减少加氯节点不同。其结论是,在加氯数量增加到 10 个以上后,帕累托(Pareto)最优前沿(在加氯剂量与安全水比例方面)没有改善。在他们的案例研究中,在流量比例加氯的情况下,极限前沿接近 100% 的安全水,但总加氯速率需要增加 42% 才能将安全水比例从 99.5% 增加到 99.9%。这是由于在少数位置的几个节点上,为了满足浓度限制,需要大量增加剂量[28]。

Propato 和 Uber 提出了一个线性最小二乘加氯站优化问题,以使余氯与标准限值的平方偏差之和最小化。优化问题通过二次规划解决,以确定已知加氯站位置和数量下的最佳加氯量[29]。

Lansey 等提出了一种混合线性规划和遗传算法加氯站优化技术,确定加氯站位置及其加氯速率,该技术减少了计算响应系数所需的长模拟时间[30]。

Behzadian 扩展了 Prasad 提出的加氯站优化方法,提出了一种两阶段多目标加氯站优化方法,同时优化余氯和消毒副产物(DBP)的形成。第一阶段优化了消毒剂总剂量和体积需求(占安全饮用水的百分比),而第二阶段优化了体积需求和三卤甲烷(THM)的形成[31]。

以上回顾的大多数文献都是关于加氯站的优化,解决了供水管网中加氯站的数量、位置和加氯速率降至最低的问题。水箱设计和水泵调度与供水管网中的水龄增加和氯衰变有关,Nono 等将余氯衰减与管网运行结合提出多目标优化模型以最小化加氯剂量降低风险[32]。

供水系统中对于水质传感器的布局基于每个节点的相同污染概率,但这并不符合实际,He 等创新性地提出了基于节点需求变化、与节点直接相连管道长度、管道流速和用户属性四个方面的污染概率函数,并建立了一种数据存档方法,显著提高了优化效率。建立检测时间最小化和检测概率最大化两个目标公式,运用混合蛙跳算法,对两个实际供水管网进行模拟预测。结果表明在相同的检测时间下,污染检测概率均远远大于传统方法,并且运行速度为传统方法的 10 000 倍[33]。

1.2.3 可靠性优化建模

Palod 介绍了一种独特的无参数方法,用于生成不涉及非主导型概念的帕累托前沿,通过建立两个目标函数:一是降低管网成本;二是提高管网的可靠性指数,对双环、河内和 Go-Yang 三个供水管网系统进行了优化模拟,结果表明,该方法比起微分进化算法,在保持了准确性的同时大大降低了迭代次数,使运算更加方便快捷[34]。

在供水系统网络的运行过程中,根据系统冗余定义供水系统的可靠性是一种普适的方法。Hayelom 通过对供水系统使用图论枚举候选子系统,并对其进行 St 编号,而后根据节点 St 递减和递增顺序生成子系统对,再利用 NSGA-Ⅱ算法进行系统整体优化,最终实现每个子系统在各自保证供水需求的前提下,最大限度地实现供水系统的成本最小化和供水水平最大化[35]。

许多研究已将优化技术应用于供水系统的规划、设计、改造或运行,然而很少有人考虑到各种不确定性来源对所考虑的目标的影响。不确定性来源包括与模型相关的不确定性,如模型结构和参数的不确定性(例如,管道粗糙度和水质研究中的化学反应速率),与数据相关的不确定性如由于短期或人口增长的自然变化和长期的气候变化而导致的用水需求的不确定性,以及与人类相关的不确定性,如缺乏物理网络知识以及建模错误等。Dandy 等回顾了这些不同的不确定性来源对关键优化目标的相对重要性,总结了这一领域的关键文献,并确定了研究较少的领域[36]。

Safavi 提出了基于一种新的混合可靠性指标的供水管网多目标设计模型,采用了模糊方法来改进优化模型的约束条件,使用 NSGA-Ⅱ算法进行快速非支配排序、拥挤距离计算和拥挤比较操作。应用于双环管网和河内管网,最终表明，所提出的模糊方法和新的可靠性指标对供水管网的优化设计是有效的[37]。

Jafari 等介绍了传统的供水管网水力可靠性指标的不足，基于节点的需求不足，提出了一种新的水力性能指标，并将其应用于多目标优化模型，以 NSGA-Ⅱ为基础，将水力仿真模型、管道故障率预测模型、多准则决策模型相结合，研究伊朗戈尔甘市的供水管网。结果表明，该方法可以在保证供水管网水力性能的前提下，显著降低维修和更换管道的成本以及节点的水压损失，从而为供水管网的设计和优化提供了一种新的思路和方法[38]。

为降低供水管网投资、保证突发事故时供水管网运行的可靠性，Liu 等在考虑事故工况的前提下，建立了以年成本为经济目标的单目标优化模型和以年成本为经济目标、节点剩余水头为可靠性目标的多目标优化模型。两种模型分别采用不可行性遗传算法(GA)、NSGA-Ⅱ和 Levenberg-Marquardt 迭代法求解，并利用 Pareto 图确定最优管径组合以及最优管径组合下供水管网的年成本与平均节点剩余水头。在单泵站供水和多泵站供水两个案例中，利用两种优化模型探究了考虑事故工况和不考虑事故工况条件下的优化结果。结果表明，考虑事故工况时的年成本要高于不考虑事故工况时的年成本；因此，在实际供水管网工程中应充分考虑事故工况下的多目标优化[39]。

1.2.4 优化算法进展

随着经济的发展，我国供水行业近年来取得了长足的进步，但是由于管网设计的复杂性，传统的设计方法主要依据经验，缺乏合理性，导致管网漏损、供水压力不稳以及管网水质二次污染现象时有发生。

国外供水管网的优化设计自 20 世纪 40 年代开始，从经典的拉格朗日条件极值理论到现代的运筹学理论的研究与应用，许多研究者采用了不同的优化方法，对管网进行了研究比较，取得了实质性的进展。相比于国外，我国对供水管网优化设计的研究起步较晚[40]。管网优化设计方法主要有两大类：一类是传统的确定性优化方法；还有一类是随机性优化方法。起初对管网进行优化研究主要采用像枚举法、动态规划法和界限流量法等确定性的优化方法，但是这些方法求解精度比较低，且不适用于大型管网。20 世纪 90 年代以来，随着计算机技术的大力发展，利用计算机进行大规模的数值迭代计算已经成为可能，管网优化方法的研究也有了新的进展，并且发展迅速，主要包括模拟退火算法、禁忌搜索算法、遗传算法、拉格朗日松弛算法和人工神经网络算法等。

Senavirathna 等参照蜜蜂繁衍规律设计出蜜蜂交配优化算法(HBMO),建立了供水管网优化设计模型的目标函数、约束条件以及惩罚函数,找到以最低成本满足水压要求的最佳管径组合,并在斯里兰卡古鲁德尼亚服务区的供水管网加以应用。结果表明,HBMO 算法可以提供成本更优的管道设计方案,较为成功地解决了古鲁德尼亚服务区给定水力约束条件下的供水管网优化设计问题[41]。

Koritsas 等采用绒泡菌属仿生算法计算供水系统中管道直径和最小成本,搭建了绒泡菌算法(基于泊肃叶流动)的理论公式,应用于虚拟供水系统,通过绒泡菌属算法和蚁群优化元启发式算法的比较研究,验证绒泡菌属算法的有效性和高效率[42]。

Azargashb 等通过建立渠道积分延迟(ID)模型,对供水系统进行水力模拟,并通过蚁群优化算法(ACO)获得最优水位,以减少农业供水系统内的运行和渗漏损失。建立三个目标函数:系统的渗漏损失最小化、运行损失最小化,以及渗漏损失和运行损失同时最小化。结果表明,降低水位会使渗漏损失减小,但只对运河上游有利,而且会破坏下游的供水;提高水位减小运行损失,却促进了运河的渗流;同时考虑两种损失得出最佳水位,可使系统的总损失达到最小[43]。Sarbu 等通过总结梳理现有的供水管网优化方法,比较了确定性方法和启发式方法。发现确定性方法通常收敛于局部最优解而不是全局最优解,且只能获得唯一解,而启发式方法可以获得一组帕累托最优解但常需要进行大量的数值模拟。除此之外,还将常用的优化设计目标分为四组,分别是经济目标、性能目标、社区目标、环境目标,并针对单目标、双目标和三目标优化问题进行了模型实例展示和数值分析。研究指出,未来的研究重点应该放在混合方法上,通过结合不同方法的优势来优化供水管网的设计运行[44]。

Liu 等提出了一种新的启发式算法,即基于从源头到用户的供水路径水头损失的预处理算法(HDP),与基于速度的预处理算法(PHSM)比较,发现 HDP 方法在初始解的质量和计算效率方面都优于 PHSM 方法,并且 HDP 比 PHSM 的遗传算法搜索更加高效。同时启发式方法 HDP 也可与其他优化算法相结合。以更好地解决实际大规模供水管网中的优化设计问题[45]。

Jia 等提出了基于局部搜索的两阶段群优化算法(TSOL),该算法的特点在于不会向比自己差的样本学习,也不会被吸引到更差的局部最优。此外,还提出基于 TSOL 的两种局部优化算法。通过比较发现 TSOL 算法在平均适应度和大规模供水管网优化问题上,性能较为优异、收敛速度较快。而且应用 TSOL 算法可以显著降低建设成本,且规模越大,改善程度越大[46]。

Ezzeldin 等采用鲸鱼优化算法(WOA)用于稳定流条件下的供水管网的最低成本设计,并应用于双环管网、河内管网、埃及的埃尔曼苏拉城市管网。将 WOA 算法与其他优化模型进行了比较,总结得出,鲸鱼优化算法具有较好的最优解搜索能力,在复杂的管网条件下也有较好的适用性,优于许多其他优化算法。但不足是迭代次数相对较多,算法收敛性较低,计算效率较低[47]。

Balekelayi 等以厄立特里亚的阿斯马拉市为例,分析比较了三种算法:基于高斯过程的多目标优化(GP-MO)、非支配排序遗传算法(NSGA-II)、粒子群优化(PSO)算法的运行性能。结果表明,与 NSGA-II 和 PSO 相比,GP-MO 只需要 20 次迭代就可以确定最优 Pareto 前沿,PSO 难以捕捉到低运营成本高可靠性的优化解,而 NSGA-II 即使迭代 1 000 次,也无法在两个目标函数之间找到良好的一致性[48]。

第 2 章 供水管网优化建模理论

供水管网是供水系统的重要一环,其投资约占整个供水系统的 50%~80%,维持运行管理的费用较高。同时,供水管网的设计方法可塑性强,采用供水管网的优化设计方法可在工程投资有限的情况下,得到系统造价最低或年费用最小而供水可靠性高的最优化或次优化设计方案,因此,供水管网的优化设计是给排水工程界的一项重要课题。

2.1 供水管网水力水质计算基础

供水管网水力水质计算是管网优化设计与运行管理的基础。对于新建管网,选择适合的管径,确定各管段的流量与水头损失,进而求出供水泵站水泵扬程或水塔高度;对于已有管网,水力计算有利于发现管网的低压区及薄弱环节,为管网改扩建提供技术支持,使管网的运行实现优化,达到以较低的能耗保证用户要求的水量、水压的目的。

2.1.1 供水管网水力计算基础

管网水力计算是管网优化设计的基础内容,占据着重要位置。供水管网的水力计算,是指已知节点流量分配和管径的基础上,求解各管段的实际流量、水源流量和各节点的水压的过程。水力计算是供水管网优化设计的依据,也是管网进行模拟和工况分析的基础。因此,管网水力计算至关重要。

在现实中,供水管网的内部水流状态复杂多变,给水力计算增加了难度。因此,假设管道内的水处于恒定均匀流状态以便于计算。虽然这种简化可能造成一些误差,但长期实践表明这一假设所带来的误差一般在工程允许的范围内。

应用计算机进行管网分析,即求解一系列用以描述供水管网性能的稳态方程组。这些稳态方程组包括节点连续性方程、管道压降方程、能量守恒方程。

1) 节点流量连续性方程

节点连续性方程表示向任一节点流入和流出该节点的流量与节点需水量的代数和为零,其数学表达式如式(2-1)所示。

$$f_i(q) = \sum_{j=1}^{m}(\pm q_{ij}) + Q_i = 0, \quad (i=1,2,\cdots,n-1) \quad (2-1)$$

式中:Q_i——节点 i 的流量;

q_{ij}——节点 i 相连接的各管段流量,i,j 为管段起止节点编号,其中正号为流出节点方向的流量,负号为流向节点方向的流量。

用矩阵描述为:

$$f(\boldsymbol{q}) = \sum_{j=1}^{m} a_{ij}q_j + Q_i = \boldsymbol{0}, \quad (i=1,2,\cdots,n-1) \quad (2-2)$$

简写为:

$$F(\boldsymbol{q}) = \boldsymbol{Aq} + \boldsymbol{Q} = \boldsymbol{0} \quad (2-3)$$

式中:$\boldsymbol{Q}$——节点流量向量,$\boldsymbol{Q} = [Q_1, Q_2, \cdots, Q_n]$;

$\boldsymbol{q}$——管段流量向量,$\boldsymbol{q} = [q_1, q_2, \cdots, q_m]$;

$\boldsymbol{A}$——该管网的有向线性图的关联矩阵,若 $a_{ij}=1$,则管段 j 与节点 i 关联,且 i 是 j 的起点;若 $a_{ij}=-1$,则管段 j 与节点 i 关联,且 i 是 j 的终点;若 $a_{ij}=0$,则管段 j 与节点 i 不关联。

2) 管段能量方程

能量守恒方程是闭合环的能量平衡方程,也称为回路方程,设管网中一共有 L 个回路,每一个回路的水头损失(即压降)的代数和应该为零。一般形式:

$$\phi_r(q) = \left(\sum_{j=1}^{m} h_j\right)_r = \left(\sum_{j=1}^{m} S_j q_j^\alpha\right)_r = 0, \quad (r=1,2,\cdots,p) \quad (2-4)$$

用矩阵描述为

$$\phi_r(\boldsymbol{q}) = \sum_{j=1}^{m} L_{rj} S_j \mid q_j \mid^{\alpha-1} q_j = \boldsymbol{0}, \quad (r=1,2,\cdots,p) \quad (2-5)$$

简记为

$$\phi_r(\boldsymbol{q}) = \boldsymbol{L}_r \boldsymbol{R} \boldsymbol{q} = \boldsymbol{0} \quad (2-6)$$

式中:$\boldsymbol{R}$——对角阵,$\boldsymbol{R} = \text{diag}\{r_1, r_2, \cdots, r_m\}$,$r_j = S_j \mid q_j \mid^{\alpha-1}$,$\alpha$ 值常取 1.852 或 2;

S_j——管段 j 的摩阻；

$\boldsymbol{L}_r$——有向图的基本回路矩阵，$\boldsymbol{L}_r=[L_{r1},L_{r2},\cdots,L_{rm}]$，$L_{rj}$ 构成的矩阵 ($r=1,2,\cdots,p,j=1,2,\cdots,m$)，若 $L_{rj}=1$，则管段 j 在第 r 个回路中，j 的方向与回路 r 的方向一致(顺时针为正)；若 $L_{rj}=-1$，则管段 j 在第 r 个回路中，j 的方向与回路 r 的方向相反；若 $L_{rj}=0$，则管段 j 不在第 r 个回路中。

3) 管段压降方程

管段压降方程即为管段水头损失与其两端节点水压以及管段流量的关系式。其形式为：

$$h_{ij}=S'_{ij}q_{ij}^n \Rightarrow q_{ij}=S_{ij}(H_i-H_j)^{\frac{1}{n}} \tag{2-7}$$

其中，$S_{ij}=\left(\dfrac{1}{S'_{ij}}\right)^{\frac{1}{n}}$。

代入连续性方程，可得：

$$\left[\sum_j S_{ij}(H_i-H_j)^{\frac{1}{n}}+Q_j\right]_i=0 \tag{2-8}$$

式中：h_{ij}——管段水头损失，m；

H_i,H_j——管段两端节点 i,j 的水压，m；

S_{ij}——i,j 节点间管段的管段摩阻；

q_{ij}——节点 i 与节点 j 之间的管段流量，m^3/d；

n——根据采用的水头损失公式确定。

管段中，对于 S_{ij} 的计算公式有很多，常用的水头损失公式有海曾-威廉(H-W)公式、谢才-曼宁(C-M)公式和达西-威斯巴赫(D-W)公式。

目前，应用最为广泛的管网水力计算中水头损失计算公式为海曾-威廉(H-W)公式。由于该公式计算方法便捷，不仅在美国、欧洲及日本等地被广泛用作供水系统管网水力计算的标准式，近几年在我国也被普遍用来对供水管网进行水力计算。其公式如下式所示。

$$S'_{ij}=\frac{10.67L_{ij}}{C_{ij}^{1.852}D_{ij}^{4.87}} \tag{2-9}$$

则流量与水头损失的关系式可以改写为：

$$h_{ij}=\frac{10.67q_{ij}^{1.852}L_{ij}}{C_{ij}^{1.852}D_{ij}^{4.87}} \quad \text{或} \quad q_{ij}=\frac{0.27853C_{ij}D_{ij}^{2.63}h_{ij}^{0.54}}{L_{ij}^{0.54}} \tag{2-10}$$

式中：L_{ij}——节点 i 与节点 j 之间的管段长度，m；

C_{ij}——海曾-威廉系数；

D_{ij}——节点 i 与节点 j 之间的管段管径，mm。

不同管道材质的海曾-威廉系数 C 值如表 2.1 所示。

表 2.1　不同管道材质的海曾-威廉系数值

管材类别	C 值	管材类别	C 值
塑料管、玻璃管、铜管	150	焊接钢管，新管	110
石棉水泥管，涂沥青或水泥的铸铁管	130	旧铸铁管或钢管	100
新铸铁管	130	焊接钢管，旧管	95
木管，混凝土管	130	旧铸铁管或钢管	95

$$q_{ij}=\frac{0.27853 C_{ij} D_{ij}^{2.63}(H_i-H_j)^{0.54}}{L_{ij}^{0.54}}=R_{ij}(H_i-H_j)^{0.54} \quad (2-11)$$

其中，$R_{ij}=\dfrac{0.27853 C_{ij} D_{ij}^{2.63}}{L_{ij}^{0.54}}$。

在计算中，考虑到水流方向，上式改为

$$q_{ij}=R_{ij}|H_i-H_j|^{0.54}\mathrm{sgn}(H_i-H_j) \quad (2-12)$$

其中，sgn 为符号函数，规定如下：

$$\mathrm{sgn}(H_i-H_j)=\begin{cases} 1, & H_i>H_j \\ -1, & H_i<H_j \\ 0, & H_i=H_j \end{cases} \quad (2-13)$$

2.1.2　供水管网水力计算的求解方法

在一定精度条件下进行供水管网水力平差计算，需要同时求解节点性连续方程、管道压降方程和管网能量守恒方程。根据求解过程中具体设置的未知参数不同，可以将相关计算方法分为解节点方程组法、解管道方程组法和解环方程组法。

1）解节点方程组法

解节点方程组法是以管网中各节点水压值为未知数的情况下，从而进行求解的一种方法。通过求出节点水压，就可求出两点间管段的水头损失。接着，根据流量和水头损失之间的关系求出各管段流量，其求解步骤如下：

根据节点连续性方程,通过管道压降方程描述流量、水头损失和节点水压之间的关系,由式(2-7)则管段流量 q_{ij} 可以用管段两端的节点水压表示(取 $n=2$):

$$q_{ij}=\left(\frac{H_i-H_j}{S'_{ij}}\right)^{\frac{1}{n}}=\left(\frac{H_i-H_j}{S'_{ij}}\right)^{\frac{1}{2}} \qquad (2-14)$$

设管网中节点个数是 j 个,在 $j-1$ 个连续性方程中就含有 $j-1$ 个节点水压未知数(在 j 个节点中,必有一个节点,例如控制点或水源点,它的水压是已知的),解此方程组就可得各节点的水压值,各管段的水头损失和管段流量从而可以求出。

2) 解管道方程组法

解管道方程组是联立节点连续性方程和能量守恒方程,以此求得各管段的流量和水头损失,再从已知节点水压求出其余各节点水压。

因能量方程是非线性方程,需使用线性理论法先将能量守恒方程转为线性方程,方法是设管段的水头损失 h_{ij} 近似表示为:

$$h_{ij}=[S_{ij}q_{ij}(0)^{n-1}]q_{ij}=c_{ij}q_{ij} \qquad (2-15)$$

式中:S_{ij}——管段摩擦阻力,m;

$q_{ij}(0)$——管段的初始流量,L/s;

c_{ij}——系数;

q_{ij}——待求的管段流量,L/s。

将连续性方程和已线性化的能量方程联立求解,可求出各管段的待求流量 $q_{ij}(1)$,再次计算各管段的 c_{ij} 和 h_{ij},检查是否符合能量方程,即检查各环的 $\sum h_{ij}$ 是否小于允许的误差。若不符合,则以 $q_{ij}(1)$ 为新的初始流量,求待求流量 $q_{ij}(2)$,如此反复计算,直到各环的闭合差达到要求的精度,即得各管段流量。

3) 解环方程组法

解环方程组法,是以管网中每环的校正流量为未知变量,从而进行求解的方法。使用解环方程组法,首先对管网进行初步流量分配,分配后管网各节点已满足连续性方程,但是由于不能保证初分管段流量所求出的管段水头损失满足能量守恒方程,即各环的水头损失代数和不一定等于零,因此各环产生了水头损失闭合差 Δh。为此需要调整各管段的流量,通过求出各环的校正流量 Δq,按流量顺时针方向为正、逆时针方向为负的原则,将 Δh 增加/减少于管段流量中。进行流量调整后,再次计算检验各环是否满足能量守恒方程。若不满足,则再求出各环的第二次校正流量 Δq,如此反复调整,直至 Δh 小于规定的精度要求,即满足能量守恒方程。

2.1.3 供水管网水质计算基础

水质模型是预测水质时空变化的有效的工具,稳态模型采用物质守恒理论确定静态水力状态下的最终的溶解物质的空间分布,动态模型依赖于系统模拟法确定时间变化条件下的物质移动和扩散。由于供水管网和过程是随时间变化的,动态模型提供了更准确和实际的系统运行和水力水质行为。

1) 管道中物质的推流迁移

首先对管网中水体的流动作出如下假设:

(1) 流体以一个恒定的平均流速按平流方式通过系统;

(2) 在垂直于流体流动方向上的任一横截面上,具有均匀的径向浓度(即径向完全混合);

(3) 由于轴向流动速度远远大于径向扩散速度,故忽略由于湍动混合、分子扩散及流速变化等综合影响而引起的径向扩散。

管道中的溶解性物质在按照携带流体的平均流速沿管道长度迁移的同时,以给定的速率进行增长或衰减反应。研究者认为在大多数的运行条件下,纵向扩散不是重要的迁移机制,这意味着在管道中输送的相邻水体之间没有质量的掺混。管道中的推流迁移可用一维质量守恒的微分方程描述如下:

$$\frac{\partial C_i}{\partial t} = -u_i \frac{\partial C_i}{\partial x} + R(C_i) \qquad (2-16)$$

式中:u_i——管内流速,m/s;

C_i——任意管段的水质参数浓度,为距离 x 和时间 t 的函数,mg/L;

R——反应速率为物质浓度的函数。

2) 管道节点中的混合

对污染物质的混合通常基于以下假设:在管网交叉节点处,物质在节点断面上瞬间完全混合,在节点的纵向传播和蔓延被忽略。

在上游连接两个或多个管段的节点中的物质浓度,由物质自身的质量平衡决定,同时,由于节点中各个管段中水流到达节点后汇合所需的时间极短,来不及发生任何增长或衰减的反应,因此可以认为物质在节点处是瞬间完全混合的。因此,离开节点的物质浓度,根据质量平衡原理,可以简化为节点上有管段浓度的流量权重之和。对于特定的节点 k,其浓度表达式可以写为:

$$C_{i|x=0} = \frac{\sum_{j \in I_k} Q_j C_{j|x=L_j} + Q_{k,\text{ext}} C_{k,\text{ext}}}{\sum_{j \in I_k} Q_j + Q_{k,\text{ext}}} \quad (2-17)$$

式中:i——节点 k 的下游管段;

I_k——节点 k 的上游管段集合;

L_j——管段 j 的长度,m;

Q_j——管段 j 中的流量,m³/s;

$Q_{k,\text{ext}}$——节点 k 处直接进入管网的外部源流流量,m³/s;

$C_{k,\text{ext}}$——直接进入节点 k 的外部流量浓度,mg/L;

$C_{i|x=0}$——节点 k 下游管段 i 起始点的浓度,即节点 k 的浓度,mg/L;

$C_{j|x=L_j}$——节点 k 上游管段之一管段 j 末端的浓度,即由管段 j 起始节点送达节点 k 的管段水流的浓度,mg/L。

3) 蓄水设施中的混合

首先假设蓄水设施(水池和水库)中的物质是完全混合的。则根据物质质量守恒定律,在完全混合状态下,通过水池的物质浓度是当前含量与任何进水含量的混合,同时,由于反应,内部的浓度也在变化。

$$\frac{\partial (V_s C_s)}{\partial t} = \sum_{i \in I_s} Q_i C_{i|x=L_i} - \sum_{j \in O_s} Q_j C_s + r(C_s) \quad (2-18)$$

式中:V_s——t 时刻蓄水设施中的容积,m³;

C_s——蓄水设施中的物质浓度,mg/L;

I_s——蓄水设施进水管段的集合;

O_s——蓄水设施出水的管段集合。

4) 水体反应

物质在管道中向下游迁移或驻留在蓄水池中时,水中成分可能发生了反应。反应速率通常可以被描述为浓度的幂函数。

$$r(C_i) = k C_i^n \quad (2-19)$$

式中:C_i——管道 i 中物质的浓度,mg/L;

n——反应阶数；

k——管道 i 的 n 阶反应常数。

对污染物质的反应通常基于以下假设：管网系统中任何溶解物(如余氯、氟、氮等)的动态反应遵循一阶反应规律(指数衰减或指数增加)。

当物质存在最终的增长或衰减的极限浓度时,则反应速率表达式为：

$$R(C) = k_b(C_L - C)C^{n-1}, \quad \text{当 } n>0, k_b>0 \text{ 时}$$

$$R(C) = k_b(C - C_L)C^{n-1}, \quad \text{当 } n>0, k_b<0 \text{ 时}$$

式中,C_L——物质的极限浓度,mg/L。

对任何其他非管道的管道附属设施,如水泵、阀门等,如果物质通过这些设备是水平流,则这些设备的入流浓度与出流浓度相同。

2.1.4 供水管网水质计算的求解方法

供水管网水质模型求解可以分为拉格朗日时间驱动水质模拟、拉格朗日事件驱动水质模拟、欧拉有限差分法、欧拉离散体积法。

1) 拉格朗日时间驱动水质模拟

拉格朗日时间驱动法最早被 Liou 应用到供水管网的水质模型的求解中,这种方法是沿管段跟踪一系列不同长度互不重合的离散水流微元(segment),在每一个水质步长内,各微元根据动力学反应改变物质浓度,更新微元的位置或微元的体积,计算节点处新的物质浓度,新的微元仅在管段上游节点的浓度与末端微元的浓度差超过设定的容忍浓度差时产生。重复以上过程,如果水力事件发生导致管段流变向,只需颠倒微元排列顺序,而不作其他调整。拉格朗日时间驱动法的基本原理是在水质步长内,沿管段追踪一系列不同长度互不重叠的管节中的水流元素的浓度变化。即随着时间的推移,水流通过上游节点进入管节,上游管节体积元素会随之增加,而同一管段下游的管节由于有水流流出,其体积元素会随之减少,但是上游管节增加和下游管节减少的体积元素是等量的,并且居于中间位置的管节体积元素保持不变。

2) 拉格朗日事件驱动水质模拟

拉格朗日事件驱动是通过构造一个动态的"事件序列表"(由水力事件和水质事件组成),依"事件序列表"中的事件发生次序,自动生成计算时段、划分水流单元体,添加新产生的事件入"事件序列表"的同时,更新原"事件序列表"中事件的预期发生时间,并依此重构"事件序列表"。在模拟启动前,不要求事先规定离散的空间单元和时间步长值,而是通过分析输配水管网的水质特性,依据管网水质变化流态模型和机理模型,定义一些在管网水力、水质变化过程中有特殊意义的所谓"事件",由事件相继的发生自动确定合理的空间和时间离散点,管网系统的水力和水质状态只在这些离散的点上发生变化,从而实现管网水质变化的动态模拟。

3) 欧拉有限差分法

欧拉有限差分法就是在固定的时空栅格点上,用适当的差分形式代替微分方程中出现的微商,将解微分方程定解问题转化为解代数方程问题。它是沿固定的时间和空间栅格点,利用有限差分的等式逼近水质模型方程,它可利用不同的数值方法形式展开。有限差分法(FDM)可利用显示的形式沿管段和时间向前和向后推进解整个管网的一系列几何方程。FDM 方法的精度依赖于管网水质时间段的选择,但 FDM 的算法具有简单和容易实现的优点。

4) 欧拉离散体积法

离散体积法将管段分割成一系列相等的体积元素,每一管段内物质浓度被分配到离散的体积元素中。该方法是在每一个水力时段内,当流量恒定时,计算一个较短的水质时间段,沿管轴将每一个管段均匀划分为许多完全混合的体积元素,物质质量被划分在管线内离散的体积元素中,每一体积元素的物质首先反应,然后传输到相邻的下游体积元素,当相邻体积元素为节点时,质量和流量进入节点与其他管段流入该节点的质量和流量相互混合。当所有管段的反应和传输阶段完成后,可计算出管网任意节点处的混合浓度,并释放到流出节点的管段的头体积元素。此方法中使用的水质时间步长的选择应尽可能小,以免任何管段的流量体积超过了它的物理体积。因此水质时间段不能大于管网中任何管段的最短传输时间。

2.2 供水管网模拟软件 EPANET 系列软件

EPANET 系列软件是美国环保署(EPA)在 20 世纪 90 年代由 Rossman 等人研究开发,并应用于城市供水管网水力水质计算分析的软件包[49]。该软件经历 10 多年发展,从 1.0 版到 2.0 版期间经过了大大小小数十次的修改,目前该软件包还在继续深化开发中。该软件包免费发布并可自由传播,受到广大科研工作者和供水企业的欢迎,在全世界各国得到广泛应用。特别是其源代码也是公开发布,并且允许用户根据自身的需求进行修改,许多国家都推出本国语言版本的 EPANET,许多科研工作者将该软件包应用到管网优化、管网调度以及水质监测点优化布置中去,也有商业软件公司将其移植到自己软件产品中。

EPANET 软件对于供水管网模型的水力水质求解速度快、求解精度高;并且,用户可以根据自己的需求设计求解流程,使用更加灵活。

EPANET 2.0 可执行有压管网水力和水质的延时模拟。该软件可对延时模拟阶段的管道水流、节点压力、水池水位高度以及整个管网中化学物质的浓度进行跟踪。它不仅可以模拟水龄,也可以模拟延时阶段的化学成分和进行溯源追踪。

2.2.1 管网水力模拟

EPANET 对进行分析的管网规模未加限制,并配备了完善的水力分析引擎,该软件具备如下功能:

(1) 包含三种计算水头损失的公式,用户可根据管网特点进行设置,这三种公式分别是 H-W、D-W 和 C-M;

(2) 管网中局部水头损失的计算包含了弯头、附件的局部水头损失;

(3) 可模拟恒速和变速水泵的运行,并进行水泵能耗和成本的分析;

(4) 可模拟各种类型的阀门调节对管网运行的影响;

(5) 通过调节蓄水池的直径、水位调整蓄水池的蓄水体积;

(6) 可根据用水量变化为每个节点设定需水量的变化模式;

(7) 可以模拟压力驱动的管网,例如使用扩散器喷头;

(8) 供水管网系统的运行既可以基于简单水池水位或者计时器控制,也可以基于自行设定的复杂规则的控制等功能。

2.2.2 管网水质模拟

EPANET 水质求解器基于质量守恒定律和反应动力学进行求解,提供了以下水质模拟能力:

(1) 模拟管网中不反应的示踪物质随时间的变化情况;

(2) 模拟管网中能反应的增长物质(如消毒副产物)或衰减物质(如余氯)随

时间的变化情况;

(3) 使用零级反应模拟整个管网的水龄;

(4) 追踪给定节点到其他节点的百分流量;

(5) 模拟管道水流及管壁处的反应;

(6) 可用 n 阶反应动力学模型来模拟管道水的反应;

(7) 可用零阶或者一阶的反应动力学模型模拟管壁处的反应;

(8) 当模拟管壁处反应时能够计算质量传输系数;

(9) 可以模拟增长或衰减反应达到限定的浓度(如一阶饱和增长模型等);

(10) 每个管道能用全局反应速率系数来进行设置,即设为相同值;

(11) 设置相关系数后,可用管道粗糙系数来反映管壁处反应速率系数;

(12) 允许连续或者集中浓度的物质在管网的任意节点的输入;

(13) 模拟完全混合,柱塞流(先入先出、后入先出)或双层混合等多种混合形式的水塔。

在 EPANET 水质编辑器中可以编辑余氯在节点或水池处设置初始氯浓度随时间变化的模式曲线,还可以通过设置不同源头类型来准确模拟。有四种水质模型源头类型:

(1) 设置点注入源类型(SPB):也称闭环控制加氯[50],通常是将该节点注入浓度作为源,以注入浓度重新影响下游物质浓度,即表示不考虑节点前该物质浓度(需注意节点前物质浓度要低于注入源浓度),如图 2.1 所示。

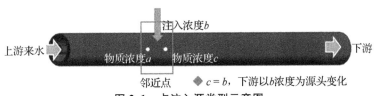

图 2.1　点注入源类型示意图

(2) 混合浓度注入源类型(FPB),增加注入源浓度值叠加节点前的上游来水中的该物质浓度,混合后的浓度重新影响下游物质浓度,如图 2.2 所示。

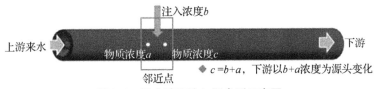

图 2.2　混合浓度注入源类型示意图

(3) 水库浓度注入源类型(Concentration)，通常是设置在水厂水库处的物质浓度，若交汇节点要表征成水库类型，则通常用负值表达，如图 2.3 所示。

图 2.3 水库浓度注入源类型示意图

(4) 质量注入源类型(Mass Booster)，表示固定质量流量投加节点或水库，固态物质投加，质量源方式更能准确表达。若投加点前来水中有同物质浓度，叠加浓度重新影响下游物质浓度，如图 2.4 所示。

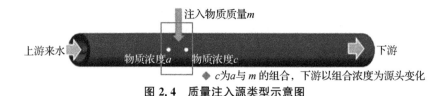

图 2.4 质量注入源类型示意图

除了余氯和消毒副产物的模拟，其他化学物质在管网中模拟，主要是针对一些原水输水项目和应急性事件，应急性事件中，由于管道或者水池破损，化学物质通过泄漏点跟随水溢流进管网中，影响下游关断，与余氯不同的是管网漏损断管在任何节点都有可能。

2.3 供水管网优化目标函数

2.3.1 供水管网建设运行费用最小

$$\min W = C \times (A/P, n, i) + Y \qquad (2-20)$$

式中：W——年折算费用值，万元/a；

C——管网建设费用，万元，主要考虑管网造价，其他费用相对较少，可以忽略不计；

$(A/P, n, i)$——资金回收系数，式中 n 为折旧年限，a；i 为利率，%。当折旧期为 20 a，年利率为 7% 时，资金回收系数为 0.094 4；

Y——管网年运行费用，万元/a，主要考虑泵站的年运行总费用，其他费用较少，可忽略不计。

1) 管网建设费用

管网建设费用中包含了所有管网设施建设费用,如管道、加压泵站、水塔等建设费用。管道造价按管道单位长度造价乘以管段长度计算。管道单位长度造价是指单位长度(一般指每米)管道的建设费用,包括管材、配件与附件等的材料费和施工费(包括直接费和间接费)。管道的单位长度造价与管道直径有关,其关系可以表示为:

$$C = a + bD^{\alpha} \tag{2-21}$$

式中:C——管道单位长度造价,元/m;

D——管段直径,m;

a、b、α——相关拟合参数,可根据研究对象所处地区的具体情况,利用当地已有的管道单位长度造价统计数据拟合求得。

国内现有的给排水工程费用资料主要有《给水排水工程概预算指标》《室外给水排水工程技术经济指标》《市政工程技术经济指标》《城市基础设施工程投资估算指标》《给水排水工程概预算与经济评价手册》《给水排水设计手册 第10册:经济手册》及《全国市政工程投资估算指标》等等。由于地区的差异及物价上涨等因素的影响,应用给排水工程费用资料时需对不同时期、不同地点的费用数据进行甄别。因此,为了建立更接近于近年来的实际情况并具备一定的实用价值的费用模型,采用 2007 年出版的《全国市政工程投资估算指标》中费用资料作为数据基础,并依据区域供水系统综合规划的实际要求选取工程费用综合指标或单项构筑物投资指标进行拟合。由于该手册中工程指标不包括土地使用费(含拆迁补偿费)、施工机构迁移费、涨价预备费、建设期货款利息和固定资产投资方向调节税,因而在供水系统规划中应用费用模型计算工程总造价时,宜采用修正系数予以修正。

根据原建设部《市政工程投资估算指标》中供水管道工程估算指标(埋深 1 m),不同管材供水管道单位长度造价如表 2.2 所示。

表 2.2 不同管材供水管道单位长度造价

管径/mm	承插球墨铸铁管/(元/m)	管径/mm	承插球墨铸铁管/(元/m)
300	720.14	900	2 645.61
400	962.99	1 000	3 098.31
500	1 197.29	1 200	4 123.59

续表 2.2

管径/mm	承插球墨铸铁管/(元/m)	管径/mm	承插球墨铸铁管/(元/m)
600	1 562.66	1 400	4 713.75
700	1 910.62	1 600	5 373.74
800	2 306.90		

注：工程内容包括：挖土、运土、回填、管道、阀门、管件安装、试压、消毒冲洗等。

根据供水管道单位长度造价数据，利用最小二乘法，拟合可得承插球墨铸铁管单价公式中的统计参数 a、b、α 以及拟合的均方差 σ，如表 2.3 所示。

表 2.3 承插球墨铸铁管单价公式中的统计参数计算过程表

α 取值	a	b	均方差 σ
2.165	576.984 04	2 743.122	102.187 2
2.175	583.839 23	2 734.071	102.185 8
2.166	577.672 20	2 742.214	102.184 9
2.174	583.156 34	2 734.973	102.183 8
2.167	578.359 77	2 741.307	102.183 1
2.173	582.472 87	2 735.877	102.182 3
2.168	579.046 75	2 740.401	102.181 7
2.172	581.788 82	2 736.78	102.181 2
2.169	579.733 15	2 739.495	102.180 9
2.171	581.104 18	2 737.685	102.180 6
2.170	580.418 95	2 738.589	102.180 5

对于承插球墨铸铁管，其单位长度造价公式为：

$$C = 580.4 + 2\ 738.6 \times D^{2.170} \tag{2-22}$$

式中：C——管段单位长度造价，元/m；

D——管段直径，m。

$$\min Z = \sum_{i=1}^{n} C_i \times L_i \tag{2-23}$$

式中：Z——管道建造费用，元；

L_i——第 i 管段的长度，m。

2) 年管理运行费用

管网中的运行管理费用主要为管网中所有二泵站的年运行电费之和，泵站年运行电费可用下式表示：

$$Y = \sum_{i=1}^{N} 0.994 \frac{\sigma\gamma}{\eta} k_2 k_3 Q_i H_i \qquad (2-24)$$

式中：N——管网系统中的二泵站个数；

σ——电价，元/kWh；

γ——能量不均匀系数，取 0.6；

η——水泵和电动机的效率，取 0.75；

k_2、k_3——供水日变化系数和时变化系数；

Q_i——第 i 个二泵站输送水量，10^4 m³/d；

H_i——第 i 个二泵站输送扬程，m。

2.3.2 供水管网的漏失量最小

供水管网的漏失水量是管网压力(以水泵或重力提供)的函数，其数学表达式如式(2-25)所示。

$$\min L = \sum_{i=1}^{n} Q_{iL} \Delta t = \sum_{i=1}^{n} C_{iL} L_i h_i^{nL} \qquad (2-25)$$

式中：Q_{iL}——第 i 段管道的单位时间内物理漏失水量，m³/s；

Δt——统计漏失量的时间长度，s；

C_{iL}——单位管长的漏失系数，其值与管网压力、管道材料、管龄等因素有关；

h_i——第 i 段管道的平均压力水头，m；

n——管道总数；

nL——漏失压力指数，对应于不同管道和管网特征的比例因子，取值范围为 0.5～2.5。

管道的平均压力水头通过计算连接管段两个节点压力和的平均值获得，计算公式如式(2-26)所示。

$$h_i = \frac{H_{i1} + H_{i2} - z_{i1} - z_{i2}}{2} \qquad (2-26)$$

式中：H_{i1}，H_{i2}——第 i 段管道起、终节点的总水头，m；

z_{i1}，z_{i2}——第 i 段管道起、终节点的标高，m。

2.3.3 加氯费用最小

对于加氯点的位置配置模型，通常把加氯费用最低作为目标函数，通常采用 0-1 规划来解决。

$$\min F = f_1 x_0 + \sum_{i=1}^{n}(f_1 x_i + f_2 y_i) \quad (2-27)$$

式中：F——年总费用，元；

f_1——单位投氯量的年费用，元/kg；

x_0——水厂的加氯量，kg；

n——可能的管网二次加氯点个数；

x_i——第 i 个加氯点的加氯量，kg；

f_2——加氯点年固定投资费用，元；

y_i——0-1 变量，分别表示第 i 个加氯点不加氯或加氯。

2.3.4 加氯量最小

进一步在选定的加氯点的基础上，对各种运行工况确定最优加氯量。确定加氯量优化配置目标函数为水厂及管网二次加氯总量最小，即：

$$\min P = x_0 + \sum_{i=1}^{m} x_i \quad (2-28)$$

式中：P——总加氯量，kg；

m——加氯点优化配置确定的最优加氯点个数。

2.3.5 节点水龄最小

节点水龄作为用户节点水质的替代指标，通过降低管网中所有节点的最大水龄来优化管网的整体水质。

1) 管网节点最大水龄最小化

$$\min[\max(WA)] \quad (2-29)$$

式中：WA——水龄，h。

2) 水龄最小化

$$\min WA_{\text{net}} = \sum_{k=1}^{M_s} \frac{\sum_{i=1}^{N_{\text{junc}}} \sum_{j=1}^{M_{\text{time}}} k_{ijk} Q_{\text{dem},ijk}(WA_{ijk} - WA_{\text{th}})}{\sum_{i=1}^{N_{\text{junc}}} \sum_{j=1}^{M_{\text{time}}} Q_{\text{dem},ijk}}$$

$$k_{ijk} = \begin{cases} 1, & WA_{ijk} \geqslant WA_{th} \\ 0, & WA_{ijk} < WA_{th} \end{cases} \quad (2-30)$$

式中：WA_{ijk}——节点 i 时刻 j 季节 k 的平均水龄，h；

WA_{net}——系统水龄，h；

WA_{th}——水龄临界值，h；

$Q_{dem,ijk}$——节点 i 时刻 j 季节 k 的需水量，L/s。

2.3.6 供水管网水力水质熵值最大

$$\max S = S_l + S_z \quad (2-31)$$

式中：S——管网系统熵值可靠性；

S_l——管网水力熵值可靠性；

S_z——管网水质熵值可靠性。

2.4 约束条件

由于供水管网在安全供水时需要令管网中的流量、压力与水头损失满足供水管网水力模型，即满足节点流量连续性方程、管段能量和压降方程。

2.4.1 管径规格化约束

由于实际工程的需要，供水管网管径均为规格化要求。管道生产厂家仅生产标准管径，管网中各个管段的管径必须从标准管径中选取，而不能随意取值。也就是说，优化管径规格化约束为离散型约束而非连续型约束。

同时，由于供水管网的特殊性质，管径的选取也应与该管段在管网中所处的位置、所能输送的最大流量以及经济流速相关。即在选取管径时，应充分考虑到以上因素，在合理的标准管径范围内选取。

$$D_i \in \{D_k\}, \quad i = 1, 2, 3, \cdots, JP \quad (2-32)$$

式中：D_i——第 i 个管段的管径，mm；

$\{D_k\}$——经过分析，第 i 个管段所能选取的 k 种标准管径的集合；

JP——管段总数。

2.4.2 节点水压约束

管网中每个节点 i 的自由水压都必须大于等于该节点最小服务水压，而且还不能大于该节点最大允许水压。一般表示为：

$$H_{\min,i} \leqslant H_i \leqslant H_{\max,i}, \quad i=1,2,\cdots,N \quad (2-33)$$

式中：$H_{\min,i}$——节点 i 的最小服务水压，kPa；

$H_{\max,i}$——节点 i 的最大允许水压，kPa。

2.4.3 管段流速约束

管段中速度过大的水流会对管段造成冲击，产生水击现象而损坏管段；如果管段流速过小，管段的过水能力则不能充分利用，而且一定是不经济的。

$$v_{\min} \leqslant v_i \leqslant v_{\max} \quad (2-34)$$

式中：$v_{\min}$——管段最小允许流速，m/s；

$v_{\max}$——管段最大允许流速，m/s。

2.4.4 节点水力可靠性约束

为确保管网可靠性，管网中各个节点的可靠性必须大于等于该节点的最小可靠性，即：

$$R_i \geqslant R_{\min,i}, \quad i=1,2,\cdots,N \quad (2-35)$$

式中：R_i——节点 i 的可靠性；

$R_{\min,i}$——节点 i 的最小可靠性。

2.4.5 各监测点总余氯满足水质标准

$$C_{\max} \geqslant C_{i-1}\exp(-k_{i-1,i}t_{i-1,i}) + x_i/Q_i \geqslant C_{\min} \quad (2-36)$$

式中：$C_{\max}$——管网水中总余氯上限值，mg/L；

$C_{\min}$——管网水中总余氯下限值，mg/L；

C_{i-1}——i 点的上游点 $i-1$ 点的总余氯浓度，mg/L；

$k_{i-1,i}$——$i-1,i$ 监测点间的总余氯衰减系数；

$t_{i-1,i}$——$i-1,i$ 监测点间水的传输时间，s；

x_i——第 i 个加氯点的加氯量，mg/s；

Q_i——第 i 个加氯点的流量，L/s。

2.4.6 管径约束条件

$$d_i \geqslant d_{\min} \quad (2-37)$$

$$d_i \in D = \{D_1, D_2, \cdots, D_z\} \tag{2-38}$$

式中：d_i——i 管段的管径，mm；

$d_{\min}$——最小管径，mm；

D——标准管径，即优化设计时所选用市场上销售的标准管径。

第3章 优化设计方法

在实际的管网优化工程系统中,传统数学算法运用最早,发展体系也最完善,为管网优化设计的发展提供了宝贵的前车之鉴。传统数学算法主要有:枚举法、线性或非线性规划法、动态规划法、界限流量法、广义梯度法等确定性计算方法,分述如下。

3.1 传统优化设计方法

3.1.1 枚举法

枚举法是一种全局搜索算法,顾名思义,就是逐一考虑全部的可能发生的情况,从而总结出一般规律,得到较可靠的结论。一般是通过建立管网系统中储存每一种可能管径的空间,进行优化设计时采用逐一管径试算,直至找到最优解。

蒋履祥等使用枚举法解决喷灌系统中树状管网管径优化设计问题,获得较好的结果[51]。显然,在总体管网的管道数量不多的情况下,枚举法简单、有效。然而通常的实际管道工程中,管道数量繁多,连接错综复杂,此时运用枚举法工作量巨大,得到的解空间也巨大,效率低下。即使运用计算机技术来求解,也对存储空间要求高,运算量浩大而造成求解速度极慢。因此,一般只在小规模管道网络优化过程中运用该方法。枚举法需要存储每一管段所有可能用到的标准管径,形成标准管径解空间,再进行逐个试算。此方法所需存储空间大,计算效率很低,只能解决管段数量很少的管网优化问题,优化结果不是很理想。

3.1.2 线性规划法

线性规划法(LP)是一种解决含有多种相互关联的变量约束问题时广泛应用的方法,该方法现已发展成熟,且在各类工、商业,农业,工程技术等行业以及企业的管理等方面都得到了较深入的研究。在多种变量同时存在,且相互之间受到各种其他变量的线性约束限制的条件下,最优化求解某一个对象所在线性目标函数的解。线性规划法是数学规划中产生较早、理论和算法较为成熟、应用层面最广的一个重要分支。线性规划能够解决线性问题或简化成线性形式的非线性问题,最常用的是单纯形法。

Karmeli 等人针对树状管网优化设计建立了线性规划模型,在管网布置形式和节点需水量已知的情况下,使用节点连续性方程组求解出各管段的流量。这是早期供水管网优化设计中较经典的方法[52];Kally 将管段长度设为决策变量,以最小化管网投资为优化目标,利用水头变化是管长的近似线性关系,建立了环状管网优化设计的线性规划模型,通过迭代求解线性规划模型,得到环状管网的近似最优解[53]。由于在环状管网中,不同的流量分配将影响管网的管径布局,从而影响管网的造价。因此,在环状管网优化设计中采用线性规划模型一般只能得到一个局部最优解。Goulter 等将线性规划法与 Hardy Cross 迭代法的水力计算相结合,以最小化管线建设费用为目标函数,以节点的最小服务水压为约束条件,用于优化设计不同工况的供水管网。在求解过程中,每改变一次管径,就利用水力引擎重新求一次水力计算,直到搜寻到最优解[54]。

在管网优化设计中,线性规划法对于管线较少的环形管网的求解非常便捷,同时对树形管网也有不错的优化效果,尤其是针对各个变量耦合不佳的管网系统。对于环状管网,由于流量分配的不同将导致不同的最小费用解,应用线性规划法,将无法获得全局最优解,同时求解效率低下。线性规划法虽然具有成熟的求解算法,但是,这个方法还存在以下不足:(1) 线性规划模型约束条件包括节点水压和管段长度,约束数目多,限制了模型所能求解问题的规模;(2) 只能优化线性目标函数,非线性关系的函数不能在模型中使用,影响管网计算精度。

3.1.3 非线性规划法

非线性规划方法(NLP)与线性方法不同,可能存在一个或多个未知量,在线性或非线性约束条件下,寻求线性或非线性目标函数极值问题。管网系统工程中各段管道的水头损失以及涉及的基础设施资金费用,与管径之间一般不存在线性比例关系,因而非线性方法求得的最优化方案往往更准确反映管网问题的实质,同时,求解的难度也随之增大。

1987年Su等以管网可靠性为约束条件,使用简约梯度法对环状管网的非线性优化模型进行求解,取得了较好效果[55];1989年Lansey等采用非线性规划方法进行管网的优化布置和设计研究,综合考虑了泵站、蓄水池和阀门的优选及布置情况,能够更加准确地反映实际运行状况,该模型是对之前若干优化模型的总结,能够适用于树状和环状管网,但是在优化模型和模拟模型间需要进行大量的迭代计算,降低了求解效率[56]。俞国平教授提出了经验确定初始流量的方法,采用广义简约梯度法给出了一种不需要初定流量的非线性规划方法,然而这种半经验性的设计方法在一定程度上降低了优化结果的可信度[57]。王彤等针对我国供水系统改扩建过程中遇到的实际问题,提出了采用离散变量的直接搜索方法,能够确定最优管径和各水源的最优水量分配情况,使改扩建工作趋于合理[58]。

在使用非线性规划法进行管网优化问题中,一般将管径视为连续变量,求得的解经过圆整操作,即可得到接近实际工程需要的优化方案,但是经过圆整的管网水力条件会发生改变,导致计算的精度降低。同时,非线性规划法很难解决变量繁多的情况,且对初始值的设置较为敏感,一般难以得到全局最优解。常用的计算方法是广义简约梯度法,具有收敛速度快、应用范围广的特点。尽管采用非线性规划方法能够得到比线性规划方法更好的结果,但是非线性规划模型的建立较大程度上需要依靠设计者的经验,模型的建立和求解方法没有统一的标准,通用性和实用性差,虽有很强的局部搜索能力,但是容易陷入局部最优,全局搜索能力较差。

应用非线性规划模型和算法进行管网优化设计,仍存在不足:(1)非线性规划模型通常以实际问题的结构和分析者的经验为基础进行模型的构造和求解,没有统一的解法。(2)非线性规划模型求解困难,各种算法的程序代码的通用性和实用性较差。一般只能得到问题的局部最优解,很难得到全局最优解。当问题变量较多时,求解速度和解的精度会大大降低。(3)非线性规划模型中的设计变量诸如管径、泵扬程,一般只能作为连续变量处理,还需要对优化结果圆整化。这种圆整化处理方法会破坏解的可行性和最优性。

3.1.4 动态规划法

动态规划法(DP)最早是由美国数学家Bellman等人为解决所谓多阶段决

策而提出的"最优化原理",是求解多阶段决策问题的最优化方法,适用于简单、管道较少的管网系统优化。在管网的优化中,该方法将复杂的管网系统简化为多个小型的简单管网。通过对小型管网的逐一解决最终得到总的管网工程的最优化方案。

1968年,Wong等第一次采用动态规划法,以系统内泵站间运行压力差作为决策变量进行了树状管网系统的优化研究,但没有考虑系统最优布置问题[59]。王新坤等将动态规划法与枚举法结合,进行田间管网的优化设计研究并取得了较好的效果[60]。

在某种程度上,动态规划法的求解特质与枚举法相似,需要求解较多小型管网的最优解,计算过程较繁琐,占用计算机的内存资源也较多,甚至在计算特别复杂的管网系统时得不到最优解。因此,在解决较复杂的管网优化问题时受到很大的制约。从动态规划模型的性能及应用分析,对于小型树状管网,动态规划能得到全局最优解和一组次优解。对于简单的环状管网,需要预先假定管径再运用动态规划法求解,但是这降低了动态规划的计算效率和精度。

3.2 现代元启发式优化设计方法

随着城市建设发展进程的加快,城市供水管网系统规模逐步扩大,管网拓扑结构愈发复杂,优化变量的增多和越来越多的约束条件,采用常规的确定性优化方法均面临着不同程度的维数灾难问题,求解时间急剧增加且容易产生组合爆炸,因此常采用智能优化算法予以求解。20世纪80年代以来,在智能算法领域,研究人员开始从生物进化过程获得灵感,并以此开发求解复杂优化问题的有效算法。一些新颖的优化算法如人工神经网络、遗传算法、模拟退火算法、禁忌搜索算法、微分算法等,涉及数学、生物进化、物理学、人工智能、神经科学和统计力学等方面,为复杂问题的良好解决提供了开阔的研究思路和手段,得到了国内外学者的广泛关注和深入研究,极大地推动了供水管网优化工作的研究进程[61]。元启发算法可以很容易地理解、实现、处理问题的非线性和离散性,并且非常有希望实现全局优化设计,但需要大量的数值模拟,因此可在此基础上进一步改进混合方法来优化供水管网[62]。这些元启发算法有如下特点:

(1) 对目标函数和约束条件的要求比较宽松,在传统的优化方法中,目标函数和约束条件通常是连续可微的解析函数。实际中,这样的条件往往很难满足。

（2）算法的基本思想来源于模仿某种自然规律，具有人工智能的特点。

（3）求解过程着重于计算的速度和效率，不以达到某个最优条件或找到理论上的精确最优解为目标。

（4）进化算法的寻优过程实际上就是基于种群的进化过程。

供水管网的优化模型中包含大量基于水力平衡方程的约束条件，决策变量包含有离散的管径尺寸。因此，管网优化设计问题的解集空间具有非线性、非连续、多模态等复杂特性。进化算法的上述特点使它逐渐成为供水管网优化问题的有效求解工具。

3.2.1 模拟退火算法

模拟退火算法（Simulated Annealing，SA）是将统计物理学中金属退火过程与组合优化方法相结合的一种随机迭代寻优算法，最早是由 Metropolis 在 1953 年提出的，它是源于对物体降温过程中的统计热力学现象的研究[63]。1982 年，Kirkpatrick 正式提出了模拟退火算法，并将其成功应用于优化组合问题[64]，从而带来了模拟退火算法的长远发展，近二十年国内外学者将其应用于管网优化设计。李杰等以最小化供水管网造价为优化目标，将系统抗震可靠性作为约束条件，利用模拟退火算法提出了供水管网抗震拓扑优化设计方法，为供水管网抗震可靠性优化设计提供很好的效果[65]。

模拟退火算法的基本思想是通过引入随机扰动，当考察点到达局部极值时，算法以一个小概率"跳出"局部极值陷阱的过程。在组合优化中引入了 Metropolis 准则，就得到对 Metropolis 算法进行迭代的组合优化算法。模拟退火算法是局部搜索算法的扩展，所以从理论上来说，它是一个全局优化算法，具有易实现和全局渐进收敛的特点，被广泛应用于求解一些非线性规划问题。模拟退火算法是基于蒙特卡洛迭代概念的随机搜索方法，固体物体在退火时，首先升温使其熔化，然后再进行冷却，以达到最低能量基态的效果。模拟退火算法在工程系统的神经网络、生产调度等方面应用较为广泛，其最突出的优势在于查找和搜索优化解，近年来在管网优化领域得到较多关注。

应用模拟退火算法对供水管网进行优化时，首先随意拟定一组标准管径的初始可行解，并计算目标函数值，然后利用交换、查找或逆转等机制，不断随机地移动到领域内的另一状态,得到领域解,用水力约束条件控制计算流程,采用 Metropolis 准则作为判定,反复迭代,直到得出一个最优结果。模拟退火算法的优点是:(1) 管径不需要调整,因为搜索点是离散的标准管径;(2) 随机产生邻域解和 Metropolis 准则的引入避免了容易陷入局部最优解的情况。缺点是收敛速度较慢,收敛速度主要依赖于初始温度、降温速率及整个算法过程中的其他随机操作,且无法预先得知理论最小迭代次数,因此存在收敛较慢、计算效率较低的问题,且只能得到一组最优解,无法提供更多的备选方案供决策者参考。

设 L_k 表示 Metropolis 算法第 k 次迭代时产生的变换个数,t_k 表示 Metropolis 算法第 k 次迭代时的控制参数 t 的值,$T(t)$ 表示控制参数更新函数,t_0 表示初始温度,t_f 表示终止温度。模拟退火算法的求解步骤如下所示:

(1) 随机产生一个初始解,以此作为当前最优点,并计算目标函数值;
(2) 设置初始温度 t_0、终止温度 t_f 以及控制参数更新函数 $T(t)$;
(3) $t_k=T(t_{k-1})$。设置 L_k,令循环计数器初始值 $k=1$;
(4) 对当前最优点做一随机变动,产生一个新解,计算新解的目标函数,并计算目标函数的增量 Δ;
(5) 若 $\Delta<0$,则接受该新解作为当前最优点;若 $\Delta \geqslant 0$,则以概率的方式接受该新解作为当前最优点;
(6) 若 $k<L_k$,则 $k=k+1$,转(4);
(7) 若 $t<t_f$,则转(3);若 $t \geqslant t_f$,则输出当前最优点,算法结束。

为利用模拟退火算法不易陷入局部最优的特点,克服模拟退火算法优化过程缓慢的不足,将模拟退火方法与其他优化算法结合成为新的研究热点,目前遗传算法和模拟退火算法的结合应用已取得成效。许文斌等采用退火遗传算法对干、支管分明的大型树状管网进行优化设计,得到了比其他方法更小的年费用折算值[66]。

3.2.2 人工神经网络

人工神经网络(ANN)在工程与学术界也常直接简称为"神经网络"或"类神经网络",它的构筑理念是受到生物(人或其他动物)神经网络功能运作的启发而产生的。神经网络是一种应用类似于大脑神经突触连接的结构进行信息处理的数学运算模型,由大量的节点(或称"神经元"或"单元")相互连接构成。每个节点代表一种特定的输出函数,称为激励函数。每两个节点间的连接都代表一个对于通过该连接信号的加权值,称之为权重,这相当于人工神经网络的记忆。网络的输出则依网络的连接方式、权重值和激励函数的不同而不同。而网络自身通常都是对自然界某种算法或者函数的逼近,也可能是对一种逻辑策略的表达。求解思想是将所要解决的问题映射到神经网络动力系统中,通过满足问题约束条件的能量函数和动力学方程,以及适当的参数来保证网络稳定的输出功能,当系统自动调整达到平衡位置时,即可得到相应最优解。

人工神经网络通常是通过一个基于数学统计学类型的学习方法得以优化,所以人工神经网络也是数学统计学方法的一种实际应用,通过统计学的标准数学方法,研究人员能够得到大量的可以用函数来表达的局部结构空间,另一方面在人工智能学的人工感知领域,通过数学统计学的应用可以解决人工感知方面的抉择问题(也就是说通过统计学的方法,人工神经网络能够类似人一样具有简单的决定能力和简单的判断能力),这种方法比起正式的逻辑学推理演算更具有优势。人工神经网络以其具有自学习、自组织、较好的容错性和优良的非线性逼近能力,受到众多领域学者的关注。在实际应用中,80%～90%的人工神经网络模型是采用误差反传算法或其变化形式的网络模型,如反向传播算法(BP),目前主要应用于函数逼近、模式识别、分类和数据压缩或数据挖掘。人工神经网络具有最小能量的函数特征,因此易于达到平衡点,其中最常用的为多层前馈性 BP 神经网络,可以实现多级网络系统的训练算法。

20 世纪 80 年代,由于神经网络良好的非线性映射关系、智能化学习能力和良好的容错性等优势,再次得到国内外研究者的关注,Hopfield 成功地将人工神经网络应用于组合优化问题,此后也在供水管网优化过程中扮演了重要角色,采用 BP 神经网络算法,对各个管路节点的权值和临界值进行逐层校正,直至实际输出值与理想输出值之间的差值达到预期精度。周荣敏等运用神经网络方法,结合两级优化算法实现了自压式树状管网全局最优设计[67]。

3.2.3 遗传算法

遗传算法(GA)起源于 20 世纪 60 年代对自然和人工自适应系统的研究,是模拟生物在自然环境中的遗传和进化过程而形成的一种"自适应全局优化概率搜索算法",最早由美国密歇根大学的 John Holland 教授于 1975 年提出。

1980年代，Goldberg进行了归纳总结，形成了遗传算法的基本框架[68]。Savic等以最小化管网建造费用为目标函数，将水力平衡方程和节点最小需求水压作为约束条件，应用于河内管网和纽约隧道管网，利用简单遗传算法进行求解[69]。Dandy等提出基于管网优化设计的改进遗传算法，仍以标准管径作为决策变量。与简单的遗传算法相比，改进后的遗传算法寻优能力有较大提高[70]。Van Zyl等在遗传算法的搜索策略中引入爬山搜索，将管网的运行费用作为优化目标，与单纯使用遗传算法相比，收敛速度更快[71]。

1) 遗传算法的基本原理

遗传算法是根据生物学的基因遗传和优胜劣汰的进化原理，通过种群父代的选择、交叉和变异等操作，将适应能力强的优势基因有更多的机会遗传到下一代，而适应能力弱的个体在进化过程中将逐渐被自然界所淘汰，产生一群更适应环境的个体，使群体进化到搜索空间中越来越好的区域，这样一代一代地不断繁衍进化，从而寻找到最优个体解的过程。其基本流程如图3.1所示。

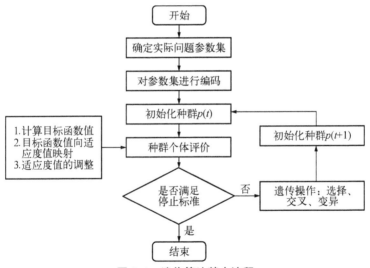

图3.1 遗传算法基本流程

（1）编码

遗传算法在进行搜索之前必须将求解空间内的求解数据映射为遗传空间的基因型串结构数据，这些串结构数据的不同组合就构成了不同的点，此过程即为编码，编码对遗传算法中的搜索能力及种群多样性等性能影响很大。一般常用的编码方式主要有二进制编码和浮点数编码两种，二进制编码具有操作简单,易于实现的优点,但对于连续函数优化问题具有一定的局限性;浮点数编码是在针对二进制编码解决专门问题时存在不足的基础上提出的,该法能很好的保持种群多样性。

(2) 初始种群的产生

初始种群一般是通过完全随机的方法产生,产生种群的数目可以先设定,遗传算法以设定数目的初始种群为初始点开始迭代。遗传算法会随机产生 N 个初始串结构数据,每一个串结构数据被称作一个个体,而这 N 个个体便构成了一个群体。计算伊始,这 N 个个体作为初始点开始迭代,定义最大进化代数记为 T,而进化代数计数器 t 初始设置为 0,而后随机生成的 M 个个体作为初始群体 $P(0)$。

(3) 适应度的计算

对个体进行适应度计算是为了衡量每个个体在种群中的优劣程度,以便使优势个体更有机会作为父代繁殖下一代。对于不同的问题,定义适应度函数的方式也不一样;如最大化或最小化优化问题,当求解最大化问题时,适应度值与目标函数是正比关系,主要是因为个体目标函数越大,最终优化解越易求得;而最小化优化问题刚好相反,适应度值与目标函数是反比关系。

(4) 选择

选择是按照适应度值大小对父代个体进行选择的过程,从当前群体中选择优良个体,使它们有机会将优秀基因遗传复制到下一代中,从而实现了达尔文的适者生存原则。常用的选择方法主要有轮盘赌选择、随机遍历抽样、局部选择、截断选择等。轮盘赌选择是最简单的一种选择方法,类似于博彩游戏中的轮盘赌,即将个体的适应度转化为选择概率,适应度值大的个体占轮盘赌面积大,被选中的概率也高。随机遍历抽样法,是指将个体的适应度转化成占总个体适应度值的百分比,适应度大的占的百分比也大,然后随机产生一个选择的概率,如果该概率大于个体的适应度,则该个体被选中。

(5) 交叉

遗传算法中的交叉操作是模拟自然界中有性繁殖的基因重组的过程,是遗传算法操作中最重要的一步。通过交叉过程,可以生成包含更多优良基因的新个体。但在交叉操作设计中,除了保证必须有优良新个体生成外,还应考虑到将这些优良新个体基因遗传给下一代的概率因素。交叉算子都应用于实数编码字符串,因为这种编码方案已被证明在处理离散和复杂问题方面比其对应的方法(如二进制编码方法)更有效[72]。

(6) 变异

变异操作是子代个体的基因按一定的小概率扰动产生变化的过程。遗传操作中变异的概率很低,一般取值在 0.001~0.01 的范围内。变异为子代中新个体的产生提供了机会,从而保证了遗传算法中种群的多样性。

(7) 终止条件判断

若 t 小于等于 T,则运算次数 t 增加一次,重复步骤(2)~(7),若 t 大于 T,则以进化过程中的具有最大适应度的个体作为最优解输出,并终止运算。

表 3.1 所示为遗传算法参数选择。首先产生一系列的解构成种群,描述解的一系列参数的值代表种群,解用字符串的形式进行编码,类似于 DNA 中的染色体,通过 0 和 1 的二进制进行编码。例如,两个参数的解 $x=(x_1,x_2)$ 可以由 8 位二进制染色体代表:1001 0011(即 4 位二进制代表一个参数,$x_1=1001$,$x_2=0011$),初始种群一般是通过完全随机的方法产生。接着计算染色体关于目标函数的适应度函数,将二进制字符串解码为参数值代入计算每个染色体的目标函数,接着基于种群的适应度函数选择个体,通过交叉和变异重组产生包含新代的后代,交叉是从一个染色体到另一个染色体的通常的方式,例如,两个染色体为 $x=(x_1,x_2)=1111\ 1111$ 和 $y=(y_1,y_2)=0000\ 0000$,两个后代可能是 $z=1100\ 0000$ 和 $w=0011\ 1111$,变异是另一个重组过程,例如,如果初始染色体为 $x=(x_1,x_2)=1111\ 1111$,变异后可能成为 $x'=1110\ 1111$。

表 3.1 遗传算法参数选择

遗传算法参数	
种群类型	双精度向量
种群大小	20
代	30
交叉	单点
交叉比例	0.8
变异	高斯
变异率	0.03
选择	轮盘赌
适应度函数	排序

2) 遗传算法在供水管网优化中的应用

Halhal 最早将多目标遗传算法应用到供水管网优化中,求得管网造价最低、系统收益最大的最优解集[73]。Prasad 等以最小化管网建造费用和最大化管网的弹性系数为优化目标建立了多目标优化模型,选用多目标遗传算法进行求解[74]。王文远利用遗传算法对某小型管网优化设计进行了求解[75];周荣敏等提出了能够有效用于树状管网优化的单亲遗传算法[76];葛琳等在 2003 年利用整数编码,正规化技术的评价函数,轮赌盘选择机制,基于方向的交叉、变异等方法的遗传算法进行了供水系统优化设计[77];王荣和等分析了供水管网建模时存在的问题,提出了利用遗传算法对管网系统进行现状分析校正的方法[78];苏馈足等在 2003 年将广义简约梯度法与遗传算法相结合,提出了具有较强搜索能力的混合式遗传算法,能够确切分析供水管网现状的多变量、多峰值问题[79]。

在供水管网优化过程中,由于遗传算法约束条件一般为连续的,而供水管网管径规格化约束条件为离散的,因此,需要将管径规格化约束条件从离散型转化为连续型。其基本流程如图 3.2 所示。

遗传算法在供水管网中应用的具体步骤如下所示:

(1) 将不同管径对应不同整数,并写入边界条件,管径与整数的对应需为连续的由小到大的顺序数。举例说明,若管网中的管径包括 300、400、500(以上单位均为 mm),则其对应数值可选择为:300 对应于 1、400 对应于 2、500 对应于 3。这样有利于遗传算法在边界条件的约束下生成适当的个体;

(2) 调用 MATLAB 遗传算法程序,生成符合边界条件的个体(可以为非整数);

(3) 对生成的个体进行取整,并返回对应的标准管径;

(4) 调用 EPANET 软件,将生成的管径写入对应的管段后进行平差计算,求得目标函数值。

在此基础上,众多学者又对其编码方式、控制参数的确定以及选择方式和交叉机理等进行了深入的研究和改进,提出了针对实际问题的各种变形的遗传算法,如自适应遗传算法、混乱遗传算法、快速混乱遗传算法等。

3) 遗传算法 MATLAB 工具箱的应用

MATLAB 为遗传算法提供了一个良好的运行平台,在 MATLAB 中,调用遗传算法主要有两种途径。

图 3.2 遗传算法在供水管网中的应用

(1) 在命令行调用函数 ga

对于在命令行使用遗传算法,可以用下列语法调用遗传算法函数 ga:

$$[xfval]=ga(@fitnessfun,nvars,options) \quad (3-1)$$

式中:@fitnessfun——适应度函数句柄;

nvars——适应度函数的独立变量个数;

options——一个包含遗传算法选项参数的结构,如果不传递选项参数,则 ga 会使用它本身的缺省选项值。

函数所给出的结果为:

fval——适应度函数的最终值;

x——最终值到达的点。

(2) 通过 GUI 使用遗传算法

遗传算法工具中有一个图形用户界面 GUI,调用图形用户界面,可以方便使用者直接在命令行输入命令,点击"Start"按钮即可运行。

打开遗传算法工具,可以键入以下命令:

gatool

打开的遗传算法工具图形用户界面如图 3.3 所示。

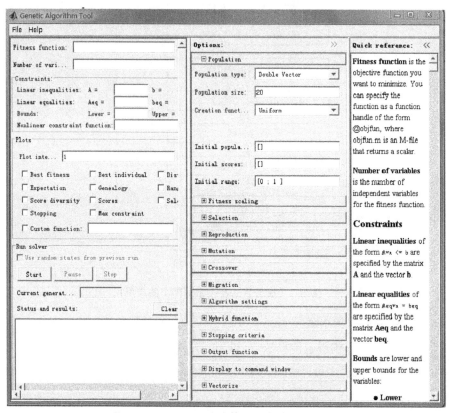

图 3.3 MATLAB 遗传算法工具箱 GUI 界面

使用遗传算法工具时,必须输入下列信息:

(1) Fitness function(适应度函数)——欲求最小值的目标函数,输入适应度函数的形式为@fitnessfun,其中 fitnessfun.m 是计算适应度函数的 m 文件;

(2) Number of variables(变量个数)——适应度函数输入向量的长度。

输入完毕后,单击"Start"按钮,运行遗传算法,将在"Status and results(状态与结果)"窗格中显示出相应的运行结果。同样,"Options"窗格中,可以根据用户需要改变遗传算法的缺省选项值。

遗传算法可以直接对结构对象进行操作,无需满足函数连续、高阶求导的限定,用概率方法灵活地获得或者改变优化的搜索空间,进化规则无需确定。因此,遗传算法特别适合这一类离散性的优化问题,灵活性和适应性较强。

但是,当适应度函数选择不当时,遗传算法可能最终无法实现全局最优,同时,利用遗传算法进行大型管网系统的优化计算收敛速度较慢。

3.2.4 差分进化算法

1995年,Storn等人提出了一种新型进化算法,是对生物变异进化进行模拟而建立的,称为差分进化算法(DE)。差分进化算法从本质上来说是一种具有保优思想的贪婪遗传算法。与遗传算法不同的是,差分进化算法利用一对一的淘汰机制来更新种群,而且由于特定的存储记忆,可动态地跟踪当前进化过程并调节搜索策略。差分进化算法鲁棒性和全局收敛性较好,非常适用于求解传统数学方法难以求解的无特征信息的复杂优化问题,在供水管网优化问题中得到了较广泛应用。比如,Vasan 等采用DE算法对纽约供水管网进行了优化设计,证明了差分进化算法对供水管网优化的适用性[4]。但是,在差分进化算法迭代后期,随着种群多样性的降低,也存在易陷入局部极小等问题。

1) 差分进化算法的原理和流程

典型的差分进化算法具有三种操作,分为"变异""交叉"和"选择",通常用 DE/x/y/z 来表示,即"DE/子代产生方式/差分对个数/交叉方法"。变异和交叉用来产生新的向量,但是差分进化算法和遗传算法的变异交叉不同,其选择淘汰机制是在子代和父代中一对一进行的,即差分进化算法的变异是附带的差分向量,进化过程较快,因而能够以更快速度收敛,是一种解决实值优化问题的有效方法。

差分进化算法首先随机产生一个初始种群,在其中任取两组个体取向量差,再与任意第三变量相加得到新个体,将该个体与最优个体进行比较,判断是否替换最优个体,通过不断迭代更新计算,逐渐逼近最优解。

差分进化算法基本流程如下:

(1) 初始化算法参数

包括缩放因子 p_F,交叉率 CR,种群大小 M 和最大迭代次数 K。

(2) 随机产生 M 个候选解向量

初始的候选解向量在均匀分布的区间 $[x_{jL},x_{jU}], j=1,2,\cdots,N$ 内随机产生，其中，x_{jL} 和 x_{jU} 分别为第 j 个变量的下限和上限，N 为变量的个数，初始化公式为：$x_{i_j}(0)=x_{jL}+\text{rand}(0,1)\times(x_{jU}-x_{jL})$。

(3) 变异

对于每个父代解向量 $x_i(k), i=1,2,\cdots,M$，随机选择一个目标向量 $\boldsymbol{x}_{i_3}(k)$，再随机选择另外两个个体解向量 $\boldsymbol{x}_{i_1}(k),\boldsymbol{x}_{i_2}(k), i_1\neq i_2\neq i_3\neq i, k$ 为代数，下标为个体编号，则变异向量为：

$$\boldsymbol{v}_i(k+1)=\boldsymbol{x}_{i_3}(k)+p_F(\boldsymbol{x}_{i_1}(k)-\boldsymbol{x}_{i_2}(k))$$

式中：i——目标向量编号；

i_1, i_2, i_3——随机变量编号，与 i 两两互异；

p_F——缩放因子（又称尺度因子，变异因子），控制差分向量的缩放。建议 p_F 的取值范围为 $(0,1.2]$。

(4) 交叉

对于第 k 代中每一个目标向量个体 $\boldsymbol{x}_i(k), i=1,2,\cdots,M$，将其与变异向量 $\boldsymbol{v}_i(k+1)$ 进行交叉，产生试验向量 $\boldsymbol{u}_{ij}(k+1)$，试验向量的每一个 $j(j=1,2,\cdots,N)$ 根据交叉概率因子在目标向量和变异向量之中选择，交叉操作的公式为：

$$\boldsymbol{u}_{ij}(k+1)=\begin{cases}\boldsymbol{v}_{ij}(k+1), & \text{rand}\leqslant CR\,|\,j=\text{rand}n(i)\\ \boldsymbol{x}_{ij}(k), & \text{rand}>CR\,\&\,j\neq\text{rand}n(i)\end{cases} \quad (3-2)$$

式中：CR——交叉概率因子（又称交叉率），$CR\in[0,1]$，反映个体中保留上一代信息的比例；

rand——0～1 之间的随机数；

rand$n(i)$——0～N 之间的随机正整数，保证存在至少一个分量由变异向量贡献，否则试验向量可能与目标向量完全一致而不能产生新的个体。

(5) 选择

经过变异和交叉后，令子代个体 $\boldsymbol{u}_{ij}(k+1)$ 与父代目标个体竞争，如果前者适应值 $\text{fit}[\boldsymbol{u}_{ij}(k+1)]$ 好于后者，则保留子代解向量 $\boldsymbol{u}_{ij}(k+1)$，否则保留父代解向量 $\boldsymbol{x}_i(k)$。实现公式如下：

$$x_i(k+1)=\begin{cases}u_{ij}(k+1), & \text{fit}[u_{ij}(k+1)] \geqslant \text{fit}[x_i(k)] \\ x_i(k), & \text{否则}\end{cases} \quad (3-3)$$

式中：fit(u)——适应度函数。

（6）检查终止准则

2）差分进化参数自适应策略

参数较少是差分进化算法的优点之一，其中缩放因子 p_F 和交叉概率因子 CR 对算法的性能影响最大，而在标准差分进化算法的迭代过程中，这两个参数是保持不变的，这就会对算法的性能产生影响。

缩放因子 p_F 决定父代个体变异的程度，p_F 较大时，有利于算法进行全局搜索，避免陷入局部最优，却可能引起收敛过早而降低收敛精度；而当 p_F 较小时，有利于在较小空间中变异，提高算法的收敛精度，却会降低算法收敛速度且更可能陷入局部最优。

交叉概率因子 CR 决定变异个体对试验个体的影响程度，CR 较大时，变异个体对试验个体的影响增大，算法收敛速度加快，但是算法的多样性会降低；CR 较小时，变异个体对试验个体的影响减小，利于保持种群的多样性，但是算法收敛性也会降低。

参数自适应策略，在算法的不同时期对缩放因子 p_F 和交叉概率因子 CR 进行变化。在算法初期，使缩放因子较大而交叉概率因子较小，以提高算法的全局搜索能力，防止算法"早熟"；在算法进行迭代运算的过程中，不断地减小缩放因子并增大交叉概率因子，以加强算法的局部搜索加快收敛。

3.2.5 粒子群优化算法

粒子群优化算法（PSO）是与差分进化算法同期产生的一种基于群体智能的演化算法，是 1995 年 Kennedy 等基于对鸟群捕食行为的研究而提出的[80]。一群鸟在随机搜索食物，如果这个区域里只有一块食物，那么搜寻目前离食物最近的鸟的周围区域是最简单有效的策略。受到这种行为的启示，可将问题的解对应于空中鸟的位置，这些鸟被看作为搜索空间中没有质量和体积的"粒子"（particle）。每个粒子在飞行的任何时刻都有自己的位置和速度（决定飞行的方向和距离），以及对应于此时位置的优化目标的适应值。粒子不断根据当前的最优粒子的位置和记忆自己遇到过的最优解的位置，来改变自己的速度和位置,而使整个群体中的个体向最优解移动,群体的运动从无序到有序并最终得到最优解,在移动过程中,信息共享操作不需要进行特定的复杂编码,粒子群算法(PSO)与基于"达尔文思想"的遗传算法完全不同,是通过多个粒子合作寻找最优值,粒子同时参照自己和相邻粒子的最优经验,最终解决问题。算法简单且易实现,参数较少且收敛速度快,因此在求解复杂组合优化问题中得到广泛应用。

粒子群优化算法在供水管网优化设计领域也有较多应用,如 Montalv 等采用粒子群优化算法对典型供水管网模型进行优化设计,取得了良好的效果并获得较快的收敛速度[81];Bansal 等证明了粒子优化群算法在解决供水管网优化问题时的适用性,并证实了在求解树状管网时所具有的良好鲁棒性[82];张土乔等人采用基于离散二进制编码的粒子群优化算法优化供水管网水质监测点[83]。杨亚红等引入了无量纲化概念,采用粒子群优化算法对环状管网优化模型进行求解,计算的时间复杂度得到明显降低;但是由于粒子群的较强趋同性,在针对大型管网的优化计算时易陷入局部最优[84]。

1) 原始(基本)粒子群优化算法

粒子群优化算法中,用粒子的位置表示待优化问题的解,每个粒子性能的优劣程度取决于当前粒子的位置对优化问题目标函数适应值的大小,每个粒子由一个速度矢量来决定粒子的飞行方向和速率大小。

设在一个 D 维的搜索空间,由总数为 N 的微粒组成粒子群,每个粒子都是一个 D 维向量,且具有一定的飞行速度,第 i 个粒子的速度为 $\bm{v}_i=(v_{i1},v_{i2},\cdots,v_{iD})$。设 i 粒子的当前位置是 $\bm{x}_i=(x_{i1},x_{i2},\cdots,x_{iD})$,$i$ 粒子的历史最优位置(个体最优位置)为 $\bm{pb}_i=(pb_{i1},pb_{i2},\cdots,pb_{iD})$,$t$ 次迭代后,全部粒子搜索到的最好位置(全局最优位置)为 $\bm{gb}^t=(gb_1,gb_2,\cdots,gb_D)$,那么就有:

$$\bm{gb}^t=\min\{f(pb_1^t),f(pb_2^t),\cdots,f(pb_N^t)\}$$

粒子群的更新进化方程如下:

$$v_{ij}^{t+1}=v_{ij}^t+c_1 r_1^t(pb_{ij}^t-x_{ij}^t)+c_2 r_2^t(gb^t-x_{ij}^t) \qquad (3-4)$$

$$x_{ij}^{t+1}=x_{ij}^t+v_{ij}^{t+1} \qquad (3-5)$$

式中:i,j,t——第 i 个微粒,第 j 维,第 t 代(迭代次数);

c_1,c_2——加速因子,也称学习因子,一般在[0,2]上取值,用于调节微粒飞向自身最好位置方向的步长;

r_1^t, r_2^t——随机产生一个于[0,1]之间的相互独立的随机函数；

$v_{ij}^{t+1}, x_{ij}^{t+1}$——粒子 i 在第 j 维空间第 $t+1$ 次迭代时的速度和位置；

pb_{ij}^t——粒子 i 至第 $t+1$ 次迭代为止在第 j 维空间找到的个体最优值所在的位置；

gb^t——至第 $t+1$ 次迭代为止在第 j 维空间找到的群体最优所在的位置。

粒子的新位置是由三部分计算出来的，首先是粒子的先前历史速度 v_{ij}^t，可以理解为粒子先前速度的惯性；第二部分为 $(pb_{ij}^t - x_{ij}^t)$，即粒子群的"认知"，以自身经验为指导搜索最优位置，增大搜寻到最优解的概率；最后为粒子之间信息共享，即"社会"部分 $(gb^t - x_{ij}^t)$，减小陷入局部极小的概率。显然，粒子的速度亦可以理解为粒子向群体最优和自身最优靠近的步长，为得到最优解，后两部分是必不可少的。

标准粒子群优化算法迭代计算流程如图3.4所示。

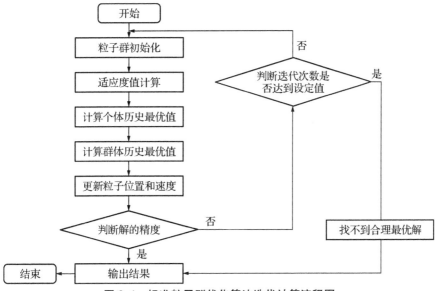

图 3.4 标准粒子群优化算法迭代计算流程图

具体计算步骤如下：

（1）初始化粒子群。

设置迭代代数 $t=1$，最大迭代次数 T，种群大小 N 和空间维度 D，随机设置全部粒子的 x_i 和 v_i。将粒子当前位置设置为该粒子个体最优值，这些个体最优值组成的序列中的最优值即全局最优值。

(2) 根据更新进化方程,更新每个粒子当前速度和位置并计算每个粒子的适应度值(目标函数解)。

(3) 对于每个粒子,将其适应度值与历史最优位置的适应度值比较,如果更优,则用其当前位置替换掉历史最优位置。

(4) 判断算法是否已达到迭代终止条件,达到即输出最优解,否则 $t=t+1$,返回(2)继续运算。

在计算过程中,为了避免粒子因飞行速度过大而超出搜索区域或产生震荡,将速度加以限制,即 $v_{ij} \in [-v_{\max}, v_{\max}]$,如果超出则令其等于临界值。

在上述原始粒子群优化算法中,如果粒子群同时受到自身最优 pb 和全局最优 gb 的影响,则该类型粒子群算法为全局粒子群优化算法模型。如果粒子不受全局最优 gb 影响,而只受自身最优 pb 和拓扑结构上邻近粒子的局部最优 lb 影响,则该类型粒子群算法为局部粒子群优化算法模型。则该模型的粒子群更新进化方程则变为:

$$v_{ij}^{t+1} = v_{ij}^t + c_1 r_1^t (lb^t - x_{ij}^t) + c_2 r_2^t (lb^t - x_{ij}^t) \quad (3-6)$$

全局粒子群优化算法中,信息是全部粒子所共享的,所以相对于局部粒子群优化算法,其收敛到局部最优的速度更快,但是全局粒子群优化算法易陷入局部最优。局部粒子群优化算法虽然收敛速度慢,但由于粒子与邻近粒子相互比较,不易陷入局部最优。

2) 标准粒子群优化算法

全局搜索可理解为偏离原来的寻优轨迹去探索可能存在的更优的解;局部搜索则可以理解为在原来的寻优轨迹上搜索可能存在的更优的解,二者均必不可少,否则算法很可能导致陷入局部最优或无法收敛。因此,限定全局搜索和局部搜索的比例,对求解过程至关重要。Shi 等于 1998 年提出一种带有惯性权重的粒子群优化算法,后称标准粒子群优化算法[85],其粒子更新进化公式为:

$$v_{ij}^{t+1} = w v_{ij}^t + c_1 r_1^t (pb_{ij}^t - x_{ij}^t) + c_2 r_2^t (gb^t - x_{ij}^t) \quad (3-7)$$

$$x_{ij}^{t+1} = x_{ij}^t + v_{ij}^{t+1} \quad (3-8)$$

式中:w——惯性权重,可理解为先前历史速度保留至子代的比例,类似于模拟退火算法中的温度参数,惯性权重较大时,全局收敛能力强;惯性权重较小时,局部收敛能力强。当惯性权重 $w=1$ 时,该算法即原始粒子群优化算法。

3) 改进粒子群优化算法

(1) 增加微粒的社会部分

在全局最优位置对粒子的影响之外增加社会部分,即周围粒子的粒子最优位置对粒子的影响。这样,粒子不仅能从全局最优位置获得经验,还能从周围粒子的历史最优位置中学习,以使粒子之间更好地共享信息。粒子的速度更新公式为:

$$v_{ij}^{t+1} = wv_{ij}^t + c_1 r_1^t (pb_{ij}^t - x_{ij}^t) + c_2 r_2^t (gb^t - x_{ij}^t) + c_3 r_3^t (pb_k^t - x_{ij}^t) \quad (3-9)$$

(2) 边界处理方法

对于粒子群优化算法,其性能会受到粒子维度 D 以及最优解和解空间边界距离的影响。一般情况下,限制粒子最大速度为解空间的 1/2,但是在子代位置更新后,还是会存在飞出解空间的粒子,从而产生无效解。为了避免这个问题,一些学者研究出了多种方法对粒子搜索空间加以约束,如吸收墙、隐形墙、反射墙、阻尼墙等。

3.2.6 混合蛙跳算法

混合蛙跳算法(SFLA)是一种全新的后启发式群体进化算法,采用粒子群算法为局部搜索机制,具有收敛速度快、搜索能力强、不要求数学描述凸性等优点。它是由 Eusuff 和 Lansey 在 2003 年提出的,它是一种受自然生物模仿启示而产生的基于群体的协同搜索方法[86]。该算法将青蛙群体分为多个族群,每个族群独立地以类似于粒子群优化算法的方法进行局部深度搜索,局部搜索的过程实际上就是信息交流互换的过程,充分利用种群内部的最优个体位置,使其他个体在搜索过程中逐渐靠近最优个体。当局部搜索进行到一定阶段后,将所有的青蛙个体再次进行混合后重新分成新的子种群,从而实现不同群体之间的信息交换即全局信息交换,然后继续进行子种群内部的搜索,通过全局信息交换和局部深度搜索的平衡策略使得该算法能够以较大的概率跳出局部极值点,使优化向着全局最优的方向进行。Elbeltagi 等证实了混合蛙跳算法的计算速度和收敛性能相对于遗传算法的优越性[87];李英海等提出一种基于阈值选择策略的改进混合蛙跳算法,提高了算法性能[88]。

1) 混合蛙跳算法的基本原理

（1）混合蛙跳算法的思想基础

自然界中群体生活的昆虫、动物，大都表现出惊人的完成复杂行为的能力，人们从中得到启发，参考群体生活的昆虫、动物的社会行为，提出了模拟生物系统中群体生活习性的群体智能优化算法。在群体智能优化算法中每一个个体都是具有经验和智慧的智能体，个体之间存在着互相作用机制，可以通过相互作用形成强大的群体智慧来求解复杂的问题。

混合蛙跳算法是受自然生物种群群体行为启发产生的智能优化算法，这种算法模拟青蛙在觅食时青蛙之间的相互影响，将局部信息搜索与全局信息交换相结合，进而完成寻优过程。

一个青蛙种群生活在一片随机分布着许多离散石头的池塘或者湿地里，种群中的每一只青蛙都有自己的思想（模因），它们通过在不同石头间进行跳跃来努力提升自己，最终找到食物。在觅食过程中，青蛙个体之间可以进行信息共享，学习优秀的青蛙经验来进行模因进化。为了更加快速准确地找到食物，在青蛙群体觅食时，将青蛙群体随机分成数量相等但模因不等的族群，这样每个族群又是一个小团体，有着不同的模因。每个族群在觅食过程中被群中的局部精英的指导下发展自己文化的同时影响群中每一只青蛙个体，一同随着族群的进化而进行模因进化（局部搜索）。在进化到一定阶段后，对所有种群进行混洗，使种群中每一只青蛙都可以借鉴到不同族群的模因（全局交换）。这样局部搜索和全局交换不断交替进行，减少陷入局部最优解的可能，直至找到满足条件的食物时，算法结束。混合蛙跳算法的搜索思想如图 3.5 所示[89]。

（2）混合蛙跳算法的基本概念

混合蛙跳算法的概念较为简单，主要包括：青蛙、种群、族群、适应度、更新（跳跃）、选择、混洗、参数控制、算法终止条件，具体阐述如下：

① 青蛙：在函数可行域内的种群个体，每个个体都有自己的思想（模因）。

② 种群：足够数量的青蛙即可组成一个种群，初始种群一般随机产生。

③ 族群：按照一定规则将初始种群进行分割，即可得到多个相互独立的，具有不同思想的族群。

④ 适应度：用来评价各个族群中的青蛙个体好坏的指标。

⑤ 更新（跳跃）：族群内的青蛙个体按照一定的执行策略更新自己的模因产

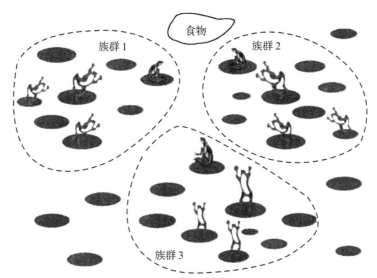

图 3.5 混合蛙跳算法的搜索思想示意图

生新的个体的局部搜索过程。

⑥ 选择:依照一定的规则比较族群中新产生的个体与原个体,进而留下较优的那个,青蛙的下一步移动按照留下来的个体模因进行。

⑦ 混洗:族群每完成一次群内的局部搜索,将各个族群的青蛙进行随机混合,重新划分新的族群,使各个族群的优秀模因能够进行交流。

⑧ 算法参数控制:混合蛙跳算法开始以前进行相关参数的设定,主要包括:整个种群数量,族群的数量,解空间维度、允许最大跳动步长,族群更新次数、种群最大迭代次数等。

⑨ 算法终止条件:

Ⅰ. 全局最优解在一定迭代次数内没有太大的改进;

Ⅱ. 以满足最大预设迭代次数。

满足任一终止条件,都强制混合蛙跳算法退出循环搜索过程。

2) 混合蛙跳算法的流程

混合蛙跳算法在解决函数优化问题时执行全局搜索过程和局部搜索过程,下面分别介绍具体流程。

(1) 全局搜索过程

① 初始化基本参数

设置青蛙族群的个数 m、族群中包含的青蛙个数 n；允许最大跳跃步长 S_{max}；族群更新次数 N_l、种群最大迭代次数 N_g、计算精度 ε 等。

② 初始化青蛙种群

设置青蛙数量 F，$F=m\times n$。在可行域中随机产生 F 个青蛙作为初始的种群 $\{x^1,x^2,\cdots,x^i,\cdots,x^F\}$，种群内第 i 个青蛙也即第 i 个解用 $\{x_1^i,x_2^i,\cdots,x_D^i\}$ 表示，其中 D 表示决策变量数。

③ 计算适应度并排序

根据适应度函数计算出青蛙个体 i 的适应度 $f(i)$，将全部青蛙个体的适应度值按照从大到小的顺序排列，并存入数组 $X=\{x^i,f(i),i=1,2,\cdots,F\}$。

④ 划分族群

将青蛙按照下列规则划分为 m 个模因组，每组内有 n 只青蛙，模因组表示为 $Y^1,Y^2,\cdots,Y^m$。

$$Y^k=\{(x^j)^k,f(j)^k\mid (x^j)^k=x^{[k+m(j-1)]},$$
$$f(j)^k=f[k+m(j-1)],j=1,2,\cdots,n\},\quad k=1,2,\cdots,m \quad (3-10)$$

例如当 m 为 4 时，排序第 1 的青蛙划分到模因组 1 组，排序第 2 的青蛙划分到模因组 2 组，排序第 3 的青蛙划分到模因组 3 组，排序第 4 的青蛙划分到模因组 4 组，排序第 5 的青蛙划分到模因组 1 组，以此类推，重复操作直至所有青蛙完成划分。在每个模因组内确定最优解 x_b 和最差解 x_w，模因组 1 组中的最优解为全局最优解 x_g。

⑤ 模因进化，详见(2)局部搜索过程。

⑥ 族群混洗

完成局部搜索后，将各模因组重新混合，并重新按照适应度值从大到小排序，并更新全局最优解 x_g。按照上述步骤重复进行混合、划分操作，直到算法执行结果满足最后的条件。

⑦ 检验终止条件

若算法满足终止条件，则结束运算，输出全局最优解，否则重复步骤③。算法终止条件：一是定义一个最大的进化次数；二是至少有一只青蛙达到最佳位置；三是最近几次全局搜索过程之后，全局最优解未发生改变。算法满足以上任意一个终止条件时，即停止搜索。

混合蛙跳算法流程见图 3.6。

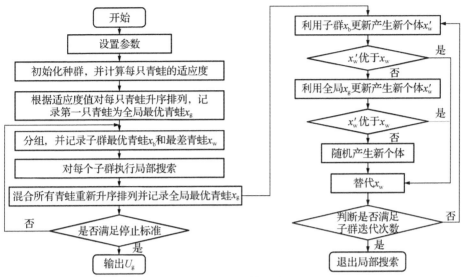

图 3.6　混合蛙跳算法流程图

(2) 局部搜索过程

在全局搜索过程的步骤⑤中,所有模因组独立进行 N 次进化后,算法将返回全局搜索过程的步骤⑥,全局搜索过程的步骤⑤的具体过程如下:

① 定义计算器

设 $im=0$,其中 im 是对模因组的计数器,标记当前进化模因组的序数,在 $0 \sim m$ 之间变化。设 $in=0$,其中 in 是模因组内的进化次数的计数器,标记并比较当前模因组的进化次数是否小于允许的最大进化次数 N。

② 初始化计算器 $im=im+1$。

③ 初始化计算器 $in=in+1$。

④ 更新各模因组最差解。

按照下式更新策略,计算出各模因组最差解的更新步长和更新位置,尝试对其进行更新。

$$S_j = \begin{cases} \min\{\text{int}[\text{rand}(x_b-x_w)]\}, & x_b-x_w \geqslant 0 \\ \max\{\text{int}[\text{rand}(x_b-x_w)]\}, & x_b-x_w < 0 \end{cases} \quad (3-11)$$

$$x'_w = x_w + S_j, \quad (-S_{\max} \leqslant S_j \leqslant S_{\max}) \quad (3-12)$$

式中:rand——[0,1]随机数生成器;

　　　S_j——青蛙的更新移动步长;

S_{max}——允许移动的最大步长；

x'_w——青蛙的更新位置。

执行更新策略式(3-11)和式(3-12)，如果更新后的新解 x'_w 比最差解 x_w 更好，用其替代。否则，用 x_g 来替换式(3-11)中的 x_b，重新计算更新。如果计算后依旧未改进，则随机生成一只新的青蛙来代替最差解 x_w。

决策变量的进化过程如图 3.7 所示。设每个青蛙携带的模因包含 5 个决策变量，rand 为 0.6，S_{max} 为 2 时，第一个决策变量的进化过程为：

$$1+\min\{\text{int}[0.6(3-1)],2\}=2$$

第二个决策变量的进化过程为：

$$2+\min\{\text{int}[0.6(5-2)],2\}=3$$

第三个决策变量的进化过程为：

$$4+\max\{\text{int}[0.6(2-4)],-2\}=3$$

第四个决策变量的进化过程为：

$$2+\min\{\text{int}[0.6(2-2)],2\}=2$$

第五个决策变量的进化过程为：

$$6+\min\{\text{int}[0.6(7-6)],2\}=6$$

⑤ 检查进化次数，如果 $in<N$，则跳到步骤③，进行下一次进化更新。

⑥ 检查模因组序数，若 $im<m$，则跳到步骤②，更新下一个模因组，否则返回至全局搜索过程，进行模因组间混合操作。

适应度最差的青蛙携带的模因	1	2	4	2	6

$+$

适应度最优的青蛙携带的模因	3	5	2	2	7

↓

进化后适应度最差的青蛙携带的模因	2	3	3	2	6

图 3.7 混合蛙跳算法中模因组进化的示例

3）改进混合蛙跳算法

(1) 具有收缩因子的进化策略

局部搜索策略是混合蛙跳算法的核心过程，在最差青蛙的更新操作中，首先使最差青蛙向族群最优青蛙学习，促使族群朝着局部最优个体靠拢。只有当更新失效新的青蛙的适应度没有优于原青蛙时，才让最差青蛙向种群最优青蛙学习。这样在处理复杂问题时容易陷入局部最优解。采用具有收缩因子的更新策略,改进混合蛙跳算法对于最差青蛙的更新策略[89]。改进方法如下所示:

$$s = c_1 r_1 (x_b - x_w) + c_2 r_2 (x_b - x_w) \tag{3-13}$$

$$S = \begin{cases} \min(s, S_{max}) & s \geq 0 \\ \max(s, -S_{max}) & s < 0 \end{cases} \tag{3-14}$$

$$x'_w = k(x_w + S) \tag{3-15}$$

$$k = \frac{2}{|2 - \rho - \sqrt{\rho^2 - 4\rho}|}, \quad \rho = c_1 + c_2, \quad \rho > 4 \tag{3-16}$$

式中:c_1, c_2——非负加速常数,参照取值$c_1 = c_2 = 2.05$;

r_1, r_2——取值为[0,1]之间的随机数;

k——收缩因子,参照取值$k = 0.729$[90]。

(2) 基于混沌思想的混合蛙跳算法改进

混合蛙跳算法在对最差青蛙的两次更新策略均失败以后,会随机产生一只青蛙来代替最差青蛙。这无疑增加了计算的盲目性,使计算的收敛速度降低,在优化复杂问题时这一不足之处便显现出来。引入混沌思想在两次更新最差青蛙的策略均失败以后,用混沌映射产生的混沌青蛙代替最差青蛙,减少计算盲目性,以便最差青蛙能更快速地贴近最优青蛙[89]。

① 混沌思想及混沌映射

混沌思想是指一些事物看起来比较混乱但是实际上有着一定的运动规律,我们对事物加以研究并找出其中的规律。混沌系统因其拥有随机性、遍历性、有界性、规律性以及对初始条件的敏感性等特征一直是学者研究的热点,并且经常与智能优化领域相结合。

混沌映射实质上就是混沌运动的例子。基于无限折叠的正弦混沌映射,

$$x'_w = \sin\left(\frac{\alpha}{x_w}\right), \quad |x_w| \leq 1, \quad x_w \neq 0 \tag{3-17}$$

式中:α——常量,$\alpha \in (0, \infty)$,一般取值9.31。

② 改进方法

用混沌青蛙代替随机青蛙来取代最差青蛙。在局部深度搜索过程中,最差青蛙的更新策略不成功以后,利用混沌映射对初始值的敏感性,不再用随机产生的青蛙来替代最差青蛙,而是改用基于最差青蛙产生的混沌青蛙来代替最差

青蛙。这样既减少了优化过程的盲目性又便于最差青蛙能更快速地贴近最优青蛙。

3.2.7 蚁群优化算法

蚁群算法是近年出现的一种新型的模拟进化算法,它是1992年由意大利学者Dorigo等受到蚂蚁寻找食物过程的启发提出的模拟蚂蚁觅食行为的进化方法——蚁群优化算法(ACO)[91]。Dorigo等将此优化方法用于求解旅行商问题(TSP)、指派问题和作业车间调度问题[92]。蚂蚁在不知道食物所在方位的情况下寻找食物,当其中某只寻到食物时,会向周围释放一种随着时间推移而消失的信息素,吸引其他蚂蚁向该处移动,随着时间推移,寻得食物的蚂蚁越来越多。同时,有些蚂蚁会沿着捷径到达食物,所需路径更短,那么越来越多的蚂蚁会被吸引到这条路线上来,经过时间的推移,会出现大多数蚂蚁沿着某一最短路径爬行的情况。该最短路径一般为最优化计算结果。蚁群算法具有鲁棒性强、正反馈、分布式计算、易与其他方法相结合的特点,适合解决离散组合优化问题,国内外学者开始将此方法运用到供水管网优化设计及改扩建中来。王广宇对位于黄土高原地区的巴家咀水库管网进行管网布置的优化设计,将规划的总成本作为优化目标,使用改进蚁群优化算法进行优化,该改进的方法引入了虚拟路径距离,适合求解高原沟壑地区的管网[2]。Maier等将蚁群优化算法应用于纽约市供水管网的优化计算中,降低了造价[93]。

1) 蚁群优化算法的基本原理

蚁群优化算法是对蚂蚁觅食行为进行抽象的一种新智能算法,该算法基于以下基本假设条件:

(1) 蚂蚁个体之间通过信息素和周围环境进行通信。每只蚂蚁的行为响应是基于周围局部环境产生的,每只蚂蚁也仅对周围的局部环境产生影响。

(2) 蚂蚁对环境的反应由其内部模式决定。作为基因动物,蚂蚁的行为实际上是其基因的适应性表现。

(3) 在个体水平上,每只蚂蚁的行为仅受到周围环境的影响;在群体水平上,蚁群没有控制和组织中心,所有蚂蚁均按随机方式移动,但是蚁群可以通过自组织过程形成高度一致的群体行为。

由上述假设条件和分析可见,蚁群算法的寻优机制包含两个基本阶段,即适应阶段和协作阶段。在适应阶段,各个候选解根据积累的信息不断调整自身结构,路径信息量随着蚂蚁数目的增加而不断增大,从而更大程度地吸引更多蚂蚁选择该路径;在协作阶段,候选解之间通过信息交流,使得更优解的产生成为可能。

作为智能多主体系统,蚁群算法的自组织机制使其不必对所求问题的每一个方面都有详尽的认识。自组织本质上是蚁群算法在没有外界作用下使系统熵增加的动态过程,体现了从无序到有序的动态演化。

2) 蚁群优化算法的流程

现在以旅行商问题(TSP)为例说明基本蚁群算法的数学模型[94]。

TSP 问题可描述为:一个商人欲到 n 个城市推销商品,如何选择一条路径使得商人从一个城市出发,有且仅有经过所有城市后回到出发点,使所行走的总行程最短。

蚁群算法的整个过程可基本分为三个部分:初始参数的设定,蚂蚁的移动,信息素的更新。

(1) 初始参数的设定

蚁群算法基本参数如下: n 为城市个数; m 为蚂蚁个数; d_{ij} 为两城市 i 和 j 之间的距离; $\tau_{ij}(t)$ 为 t 时刻边弧 (i,j) 的轨迹强度,即城市 i 到城市 j 的信息素强度;设初始时刻,各城市间连线的信息素强度相等,即 $\tau_{ij}(0)=C$,其中 C 为常数, $i,j=1,2,3,\cdots,n$,且 $i\neq j$。

(2) 蚂蚁的移动

各路径上信息素强度和启发信息共同影响着第 k 只蚂蚁($k=1,2,\cdots,m$)在运动过程中对下一个城市的选择。采用 $p_{ij}^{k}(t)$ 表示 t 时刻,第 k 只蚂蚁从城市 i 向城市 j 移动的概率,如式(3-18)所示。

$$p_{ij}^{k}(t)=\begin{cases}\dfrac{\tau_{ij}^{\alpha}\eta_{ij}^{\beta}}{\sum\limits_{j\in A_k}(\tau_{ij}^{\alpha}\eta_{ij}^{\beta})}, & j\in A_k \\ 0, & \text{否则}\end{cases} \quad (3-18)$$

式中: α ——信息启发式因子,表示信息素强度重要性的系数($\alpha\geqslant 0$);

β ——期望启发式因子,表示启发信息重要性的系数($\beta\geqslant 0$);

A_k ——可行元素集,即第 k 只蚂蚁下一步可选择城市的集合;

$\eta_{ij}(t)$——启发函数或可见度,反映蚂蚁由城市 i 转移到城市 j 的期望程度,可以认为是两个城市间的距离的倒数,其表达式为:

$$\eta_{ij}(t)=\frac{1}{d_{ij}} \quad (3-19)$$

由式(3-19)可知,对第 k 只蚂蚁而言,d_{ij} 越小,则 $\eta_{ij}(t)$ 越大,$p_{ij}^k(t)$ 也就越大,反之可推。$p_{ij}^k(t)$ 是 t 时刻信息素强度和可见度的权衡。

(3) 信息素的更新

为避免残留信息素浓度过大淹没启发信息,每只蚂蚁在走完一步或完成一次循环(即结束对所有城市的游历)后,更新信息素。经过 n 个时刻,蚂蚁完成一次循环,$\tau_{ij}(t+n)$ 表示 $t+n$ 时刻留在路径 (i,j) 上的信息素,其更新规则可表示为:

$$\tau_{ij}(t+n)=(1-\rho)\tau_{ij}(t)+\Delta\tau_{ij}(t) \quad (3-20)$$

$$\Delta\tau_{ij}(t)=\sum_{k=1}^{m}\Delta\tau_{ij}^k(t) \quad (3-21)$$

式中:ρ——全局信息素挥发系数,则 $(1-\rho)$ 表示全局信息素残留系数。为防止信息的无限积累,$\rho\in[0,1)$;

$\tau_{ij}(t)$——本次循环中路径 (i,j) 上的信息素量;

$\Delta\tau_{ij}(t)$——本次循环中全部蚂蚁在路径 (i,j) 上的信息素增量,初始时刻 $\Delta\tau_{ij}(0)=0$;

$\Delta\tau_{ij}^k(t)$——第 k 只蚂蚁在本次循环中留在路径 (i,j) 上的信息素增量。

根据信息素更新策略的不同,Dorigo 给出了三种不同的蚁群算法模型,分别称之为蚂蚁周期(Ant-cycle),蚂蚁数量(Ant-quantity)和蚂蚁密度(Ant-density)模型。其差别在于 $\Delta\tau_{ij}^k(t)$ 计算方法的不同。

① Ant-cycle model

$$\Delta\tau_{ij}^k(t)=\begin{cases}\dfrac{q}{L_k}, & \text{若第 } k \text{ 只蚂蚁在本次循环中经过}(i,j) \\ 0, & \text{否则}\end{cases} \quad (3-22)$$

式中,q——信息素强度系数,是一个常量,表示蚂蚁完成一次完整的路径搜索后所释放的信息素总量;

L_k——第 k 只蚂蚁在本次循环中所走路径的总长度。

② Ant-quantity model

$$\Delta\tau_{ij}^{k}(t)=\begin{cases}\dfrac{q}{d_{ij}}, & \text{若第 } k \text{ 只蚂蚁在 } t \text{ 和 } t+1 \text{ 之间经过}(i,j)\\ 0 & \text{否则}\end{cases} \quad (3-23)$$

③ Ant-density model

$$\Delta\tau_{ij}^{k}(t)=\begin{cases}q, & \text{若第 } k \text{ 只蚂蚁在 } t \text{ 和 } t+1 \text{ 之间经过}(i,j)\\ 0, & \text{否则}\end{cases} \quad (3-24)$$

这三个模型中,式(3-23)和(3-24)利用的是局部信息,即蚂蚁完成一步后更新路径上的信息素;而式(3-22)利用的是整体信息,即蚂蚁完成一个循环后更新所有路径上的信息素。

蚁群算法数学模型的工作流程如下所述。首先根据实际问题设置初始化规则及系统参数,分配蚂蚁的位置。然后蚂蚁根据概率转移规则,构造解的路径。当所有蚂蚁都完成游历,找出其中最优解对应的路径,应用全局更新规则对该路径上的信息素浓度进行更新。在下一次循环中,蚂蚁受启发信息和信息素强度的指导,逐渐朝着信息素浓度高的路径移动,经过数次迭代后,所有蚂蚁构造的解的路径最终收敛于全局最优解。

α,β 及 q 对算法性能影响的分析如下所述:α 反映各节点上积累的信息素量受重视的程度,蚂蚁再次挑选之前选择过路径的可能性会随着 α 值的增大而提高,但是 α 值过大又会使算法在运算早期就收敛于局部最优解;β 反映启发式信息受重视的程度,蚂蚁就近选择路径的可能性会随着 β 值的增大而提高,但 β 值过大会使蚂蚁的转移概率接近于贪心规则,同样容易造成算法过早收敛于局部最优解;q 值过大会使算法收敛于局部最优解,q 值过小又会降低算法的寻优速度。因此 q 的取值需要根据问题规模的变化进行适度地调整。

蚁群算法的流程图如图 3.8 所示。

3.2.8 和声搜索算法

和声搜索算法(HS)由 Geem 等在 2001 年提出,基本思想来源于对音乐演奏中通过调和音符达到最优演奏效果过程的模拟:音乐演奏协调过程可看作寻优过程,各演奏者可看作各决策变量,乐器调音范围可看作决策变量调整范围,良好的调和音调保存在音乐家记忆中可看作较优解保存在记忆库中[95]。和声

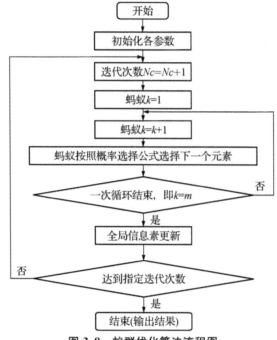

图 3.8 蚁群优化算法流程图

搜索算法为供水管网优化设计提供了一种更好的非线性优化方法。

1) 标准和声搜索算法

算法相关参数主要有：和声记忆库容量（HMS）、和声记忆库内搜索概率（HMCR）、记忆调节概率（PAR）和最大迭代次数。和声记忆库为一组永久保存的解容量空间，将解向量及目标函数值均以数组的形式保存起来，在迭代过程中与外部信息实时进行交换更新，保证和声记忆库内解的最优性和多样性，可根据实际问题设置合适的容量大小即解向量的个数。

在迭代过程中，可通过以下三种方式产生新解：随机产生、记忆内搜索、记忆调节。

① 随机产生解分量。类比音乐演奏中音符可在乐器范围内随机选择，新的解分量可以$(1-HMCR)$的概率从可行解空间 X_i 中随机产生。

$$x'_i \leftarrow x'_i \in X_i = \{x_i(1), x_i(2), \cdots, x_i(K)\} \quad 概率为 1-HMCR$$
$$i=1,2,\cdots,N; \quad x_i(1) < x_i(2) < \cdots < x_i(K) \tag{3-25}$$

式中：N——解分量的个数（每组解中管径数量）；

K——可行解空间大小（可选管径数量）。

② 记忆内搜索。类比音乐演奏中音符可从音乐师记忆最佳音调中产生,新的解分量可以 HMCR 的概率从和声记忆库中选择。

$$x_i' \leftarrow x_i' \in \{x_i^1, x_i^2, \cdots, x_i^{\text{HMS}}\} \quad \text{概率为 HMCR} \quad (3-26)$$

③ 记忆调节。在记忆内搜索得到一个解分量后,根据记忆在相邻范围内以 PAR 的概率调节解分量值,否则以(1-PAR)的概率保留解分量值。

$$x_i' \leftarrow x_i(k \pm m) \quad \text{概率为 HMCR} \times \text{PAR} \quad (3-27)$$

$$x_i' \leftarrow x_i(k) \quad \text{概率为 HMCR} \times (1-\text{PAR}) \quad (3-28)$$

式中:k——可行解空间 X 中的第 k 个元素;

m——其相邻的元素位置,$m \in \{1, 2, \cdots\}$。

和声搜索算法具有独特的优点:随机搜索的引入一定程度上扩大了搜索范围,而且在迭代过程中不需要保存一定长度的编码序列,而是以各解分量单独作为信息存储单元,以单元为媒介进行选择传递组合,产生新的解向量,进一步扩大了搜索组合范围,和声记忆库内保存的较优解向量能够实现完全信息共享,与外部信息实时交换更新,保证全局搜索的最优性和多样性,记忆调节概率的引入能够保证在较优解附近加强搜索能力,提高跳出局部最优的可能性。

标准和声搜索算法的程序流程如图 3.9 所示。

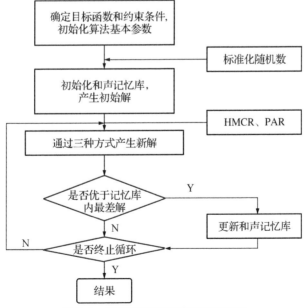

图 3.9 标准和声搜索算法的流程图

2) 改进和声搜索算法

Geem 首次提出了和声搜索算法并将其用于供水管网的优化设计,且与遗传算法、模拟退火算法、禁忌搜索算法、蚁群算法、蛙跳算法、交叉熵算法等方法优化计算得到的结果进行了对比,证明了和声搜索算法的优越性,能够在最少的迭代次数和计算时间内得到最优解,并且具有很好的收敛性能。在算法问世后不久,不少国外学者进行了更为深入的研究后发现,虽然和声搜索算法具有编程简单、搜索效率高、鲁棒性强的特点,但是对理论方面尚未进行深入的机理分析,因此如何保证其高效稳定的运行效率也是大家最为关心的问题。Geem 仅提出了和声搜索算法用于优化设计的可行性,但是对于参数如何选取的问题并没有做过多的阐述,于是不少国外学者根据个人的理解及实际问题提出了各自的改进措施,Mahdavi 在 2007 年提出了修正的和声搜索算法,对算法的求解速度和稳定性进行提升[96]。刘思远针对标准和声搜索算法存在收敛结果不稳定的缺陷,以和声记忆库自身特性为基础,结合遗传算法的先进思想,引入了交叉算子及动态调整的记忆内搜索概率和调节概率,提出了基于自适应搜索空间的混合和声优化算法[61]。

第4章 多目标优化算法

早期受到求解方法的限制,对于管网优化设计的问题,通常采用单目标优化模型,即以成本最低作为优化目标,其他条件作为约束条件建立优化设计模型。随着科学技术的日益发展,离散、连续混合变量的多目标优化问题与日俱增,在进行供水管网的优化设计时,通常仅将年费用最小作为寻优目标,虽然将管网设计成环状以提高系统运行的安全稳定性,但未同时确切考虑系统运行的可靠性问题,所得最优解并不是真正意义的最优解,而管网的水质保障水平问题至今尚未在管网优化设计中进行考虑。因此,供水管网系统的多目标优化设计逐步成为主要研究方向。供水系统的多个优化目标往往存在相互影响甚至冲突的关系,在进行优化设计时,将系统投资经济性、系统运行可靠性、水质安全水平共同作为目标函数进行寻优,建立供水管网的多目标优化模型,试图寻找三者之间的平衡关系,期望能够在较小的投资下,提高系统运行的安全可靠水平和水质保障水平。

一般多目标优化问题由决策变量、优化目标和约束条件构成,可用数学表达式表示为[97]:

$$\min \boldsymbol{y} = f(\boldsymbol{x}) = [f_1(\boldsymbol{x}), f_2(\boldsymbol{x}), \cdots, f_k(\boldsymbol{x})] \quad (4-1)$$

$$\text{Subject to} \quad g(\boldsymbol{x}) = [g_1(\boldsymbol{x}), g_2(\boldsymbol{x}), \cdots, g_m(\boldsymbol{x})] \leqslant 0 \quad (4-2)$$

其中:n 维决策变量 $\boldsymbol{x} = (x_1, x_2, \cdots, x_n) \in \boldsymbol{X} \in \boldsymbol{R}^n$,$k$ 维目标向量 $\boldsymbol{y} = (y_1, y_2, \cdots, y_k) \in \boldsymbol{Y}$。$\boldsymbol{X}$ 为决策变量形成的决策空间;$\boldsymbol{Y}$ 为目标向量形成的目标空间;$g(\boldsymbol{x})$ 为约束条件。式(4-1)仅表示了最小化目标函数的情况,由于最大、最小化问题可以互相切换,所以对于最大化问题有着相似的定义。为了统一表达,以下所提及的目标函数均是最小化为优化方向。

4.1 多目标优化模型求解

常规多目标问题的解决方法是根据加权法、约束法、理想点法等方法将其转化为求解较为容易的单目标优化问题,加权法的基本思想是根据各目标的重要程度赋予不同的权重系数,保证权重系数和为1,将多目标优化问题转化为单目标优化问题。该方法的缺陷在于不能在非凸均衡面上得到所有Pareto最优解。约束法的基本思想是将多目标中的 $k-1$ 个目标转化为约束条件,剩下的一个目标作为目标函数进行求解,约束法的缺陷在于需要决策者对目标函数的上限值进行人为地估计选定,过大或过小均会影响到搜索效率和最终结果。在运用目标规划法时,决策者需要确定理想的各目标值,然后将这些值作为约束条件,对原问题进行再次求解,即最小化理想值和实际目标函数值之间的偏差。同样,该方法也需要决策者事先确定目标值,但由于初始阶段对搜索空间的形状和其他特征缺乏明确的认识,因此目标值的确定具有较强的主观性和随意性,当不在可行域范围内时,大大降低了求解效率。

如上所述,传统的多目标问题处理方法如约束法、线性加权法、目标规划法等,都是将多目标优化转化为单目标优化问题进行求解,属于先决策后搜索的寻优模式,所得最优解并不是真正意义上的最优解,不仅破坏了多目标优化问题的本质意义,而且存在许多无法克服的缺陷:每次只能得到一个解,不能有效求解非凸的多目标问题,且很大程度上依赖于决策者对权重系数等先验知识的合理确定,容易陷入局部最优,难以获得分布良好的Pareto解集等。

多目标优化问题的解并非唯一,而是一组由众多Pareto最优解组成的最优解集合。最初,对于多目标的优化问题,大多数采用一些整合方法,如加权和法(WSM)、目标规划法(GP)、博弈论法(GT)等。这些传统方法计算简单,但是需要根据求解问题的先验知识设置参数,才能保证算法的准确性。多目标进化算法(MOEA)的快速发展提高了求解多目标优化模型的稳定性和精确度。多目标进化算法继承了进化算法并行随机搜索、全局搜索能力强、能求解高度复杂的非线性问题的优势,提高了求解多目标优化问题的效率和解集的质量。其中,多目标遗传算法(MOGA)、强度帕累托进化算法(SPEA)、改进强度帕累托进化算法(SPEA2)、非支配排序遗传算法(NSGA)在求解供水管网多目标优化问题上具有良好的性能。

4.1.1 多目标遗传算法

多目标遗传算法(MOGA)算法根据个体在整个种群内的情况确定其优劣性,提出了基于排序的适应度赋值策略,能够有效防止遗传漂移现象的发生。Boano 等以管网水泵运行费用和管网漏损导致的非收益成本作为优化目标分析水泵运行时间与管网漏失水量的关系,以节点水压和水池运行的最高、最低水位为约束条件,使用多目标遗传算法(MOGA)进行优化求解[98]。潘永昌利用 MOGA 算法求解以管网年费用和管网系统可靠性为目标函数建立的管网多目标优化设计模型,证明遗传算法所得到的目标函数值和管网水力性能明显优于传统设计方法[99]。

但是共享参数的确定存在问题,Goldberg 研究发现,MOGA 采用的是静态的适应度赋值策略,易导致早熟收敛现象产生,其适应度共享原则基于目标函数空间而非参数空间,无法保证决策参数的多样性,容易遗失部分 Pareto 最优解。

4.1.2 强度帕累托进化算法

强度帕累托进化算法(SPEA)在迭代过程中同时保留两组群体:当前计算群体和进化过程中得到的一定数目的非劣解。引入强度的概念对两组群体中的个体进行适应度赋值,适应度小的个体被选择的概率大,若小生境内个体数多,则与其关联的非劣解强度越高,进一步增强了该生境内个体的适应度,不必设置距离参数同样能达到适应度共享的目的,然而,当前种群个体优劣性完全取决于外部非劣解集的方法降低了算法的收敛稳定性。针对 SPEA 算法的不足,Zitzler 和 Laumanns 提出了 SPEA2 算法,改善了个体的适应度赋值策略,同时考虑了当前个体优于或劣于其他个体的情况,采用相邻个体密度评估方法考虑了群体中个体的分布特征,提出了新的非劣解集更新算法。Kurek 建立了优化水泵运行费用、水池建造费用和水质指标三个目标的优化模型,使用强度帕累托进化算法 SPEA2 求解模型,分析了管网中水泵和水池的设计和运行对水质的影响[100]。

4.1.3 非支配排序遗传算法

非支配排序遗传算法(NSGA)基于逐层分类思想,实现同一个小生境内个体的适应度共享,降低该小生境内个体的竞争力,防止迭代过程陷入局部最优,提高了种群的多样性。

1) Pareto 支配

著名的 Pareto 最优性理论提出了一种 Pareto 支配原则,作为判断多目标优化问题所得解优劣的根据,假设有可行解 X_1、X_2,如果在不违背约束的条件下同时满足下式:

$$\forall u \in \{1,2,\cdots,U\}, \quad f_u(X_1) \leqslant f_u(X_2) \quad (4-3)$$

$$\exists i \in \{1,2,\cdots,U\}, \quad f_i(X_1) < f_i(X_2) \quad (4-4)$$

则称 X_1 Pareto 支配 X_2,也就是说 X_1 在所有目标上都不差于 X_2,并且至少在一个目标上 X_1 要优于 X_2。

2) Pareto 最优解

由于多个目标之间具有矛盾性,通常不能求得问题的绝对最优解,只能求得一系列无法简单进行相互比较的解,这种解称为非支配解(NDS)或 Pareto 最优解(POS)。它们的特点是:无法在改进任何目标函数的同时不削弱至少一个其他目标函数。

个体间的支配关系反映了多目标解的优劣性,在整个空间中都不被其他解支配的所有解的集合则称为 Pareto 最优解集。

3) Pareto 前沿

将 Pareto 最优解集按照函数 F 映射到目标空间所得的集合称为 Pareto 前沿(PF)。如果对应到图形上,二维目标函数的 Pareto 前沿是一条线,三维目标函数的 Pareto 前沿是一个曲面,三个以上的目标函数将构成超曲面,在三维空间坐标中难以精确表示。

基于上述 Pareto 最优性理论的概念,随着计算机水平的提高,求解多目标优化问题的多目标优化智能算法有了长远的发展。众多学者将 Pareto 准则与优化算法相结合,提出了能够全面求解多目标问题的优化算法。基于 Pareto 准则的多目标进化算法需要解决两个关键性问题:(1) 如何使种群尽可能快地向 Pareto 前沿方向搜索,即提高算法收敛性问题;(2) 如何获得 Pareto 前沿均匀分布的非劣解,即最优解的多样性问题。

虽然 NSGA 算法能够产生分布较为均匀的最优解,但是计算效率低、复杂度高,共享参数需要预先设定。鉴于上述缺陷,Deb 和 Prata P 等提出了改进非劣解排序遗传算法(NSGA-Ⅱ),有针对性地解决了 NSGA 算法存在的问题,提高了非劣排序方法的计算效率,降低了计算复杂度,运用了精英保留策略,并提出了无参数的解集多样性保护策略。

4.1.4 其他算法

Montalvo 以秘鲁利马的城市管网为案例,使用管段铺设成本、节点冗余压力和管网的可靠性作为优化目标建立优化模型,使用改进了进化策略的粒子群优化算法进行模型的求解[81]。柳晓明针对四川省某市城区的供水管网为案例,建立了优化目标为管网的年费用折算值、节点富余水头和管网弹性力指数的优化模型。使用自适应粒子群算法求解模型,证明自适应粒子群算法对管网优化设计具有较好的运用效果[101]。Marques 等以最小化管网的建设、运行费用和节点压力违反值作为优化目标,使用多目标模拟退火算法(MSAA)进行求解[102]。

4.1.5 NSGA-Ⅱ算法

非支配排序遗传算法Ⅱ(NSGA-Ⅱ)是 Deb 等在 2002 年提出的一种有效的基于种群的优化算法[103],在 NSGA 的基础上增加了快速非支配排序,采用密度值估计策略与精英策略的多目标遗传算法,能够使种群快速收敛到 Pareto 前沿,并尽可能均匀遍布,NSGA-Ⅱ能够在求解空间同时搜索优化解,非常适合于多目标问题的求解,NSGA-Ⅱ在供水管网优化求解中得到了广泛的应用。

乔俊飞采用了最小化管网中各管段的造价和管网节点富余水头方差的双目标的优化模型,并且使用引进了差分变异算子的改进 NSGA-Ⅱ算法求解模型,验证了改进 NSGA-Ⅱ算法相较于原 NSGA-Ⅱ算法能够求得更均匀分布的 Pareto 最优解[104]。庄宝玉等使用改进的混合蛙跳算法求解优化目标为最小化管网投资和运行费用,最大化管网水力可靠性和管网熵值的优化模型。通过天津市供水管网的案例,验证了改进的混合蛙跳算法能够用于求解大规模管网优化问题并且求解效率较快[105]。刘梦云以最小化管网费用年折算值,最大化管网水力可靠性和熵值可靠性优化目标的多目标优化模型,使用自适应和声搜索算法对多目标优化模型寻优[106]。

1) 快速非支配排序

在执行选择算子之前,根据个体的非劣解(有效解)水平对种群分级。首先,对每一个体计算支配数 n_p 与集合 S_p。其中 n_p 表示支配个体的个体数目, S_p 表示被个体所支配的个体集合。所有支配数 $n_p=0$ 的个体被划分为第一级非支配前沿面,其等级为 1;然后对每一支配数 $n_p=0$ 的个体,遍历所有个体 $q \in S_p$,将其支配数减 1,若其支配数变为 0,则将其置入集合 Q。该集合 Q 存储了第二级非支配前沿面的所有个体,并令其等级为 2;然后对 Q 中每一个体重复上述过程,可以得到等级为 3 的所有个体,直至群体中所有的个体都被设定相应的等级。经过快速非支配排序得到分层结果,如图 4.1 所示。

2) 拥挤距离

拥挤间距的基本思路为:首先以目标函数值的大小对非劣解进行排序,然后对于第 i 个非劣解,用其相邻的 $i-1$ 和 $i+1$ 非劣解所构成的立方体的边长,此边长即对应解 i 的拥挤间距,用 i_{distance} 表示,如图 4.2 所示。我们知道,如果要增大搜索到最优解的概率,就要增加解的多样性,拥挤间距小表明第 i 解周围解的密度较大,所以加大对拥挤间距大的解周围的搜索力度即可增大解的多样性。

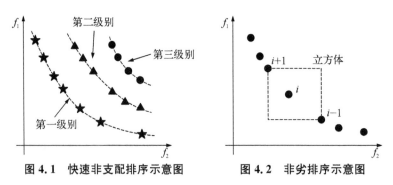

图 4.1 快速非支配排序示意图　　图 4.2 非劣排序示意图

3) 拥挤距离比较

拥挤距离比较确保算法能收敛到一个均匀分布的曲面。经过排序和拥挤距离计算,群体中的每个个体都得到两个属性:(1) 非支配排序 i_{rank};(2) 拥挤距离 i_{distance}。定义偏序关系(<)为:$i < j$,如果 $i_{\text{rank}} < j_{\text{rank}}$,或者 $i_{\text{rank}} = j_{\text{rank}}$,且 $i_{\text{distance}} > j_{\text{distance}}$。即如果两个个体的非支配排序不同,取序号低的个体(分级排序时先被分离出来的个体);如果两个个体在同一级,取周围较不拥挤的个体。

4) 精英保留

首先随机初始化一种群规模为 N 的父代种群 P_0,然后采用选择、交叉、变异等遗传算子产生子代种群 Q_0,父代种群 P_t 与子代种群 Q_t 产生一个组合的种群 $R_t = P_t \cup Q_t$,其种群规模为 $2N$,由于上一代个体与当前代个体全部都包括在种群 R_t 中,这就是精英保留策略所在。种群 R_t 中的所有个体进行基于分类的快速非支配排序,F_1 表示第一级非支配前沿面,F_2 表示第二级非支配前沿面,以此类推。显然,F_1 中的个体是组合种群中的最好解,F_2 次之并且被 F_1 中的个体支配,F_3 中的解劣于 F_1 与 F_2,并且受它们支配。新的父代种群 P_{t+1} 首先由当前的第一级非支配前沿面 F_1 中的个体组成,若 F_1 的大小小于 N,显然,F_1 中全部个体被放入 P_{t+1} 中,剩下的个体根据支配序从第二级非支配前沿面 F_2 中选取。若个体数仍小于 N,则继续选择第三级非支配前沿面的个体。直到个体数量达到 N。最后通过遗传操作产生新的子代群体 Q_{t+1}。以上过程重复进行,直到达到最大迭代次数 M。

NSGA-Ⅱ算法的流程如图 4.3 所示。

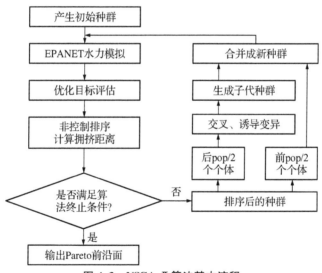

图 4.3 NSGA-Ⅱ算法基本流程

4.1.6 高维自适应多目标进化算法

传统的多目标进化算法(以 NSGA-Ⅱ为代表)无法有效求解超过 3 个优化目标的复杂优化问题;随着优化目标个数的增加,高维 Pareto 解集空间中非支配解的规模将呈指数递增,对种群的选择和进化构成了"支配阻力"(DR),这对传统进化算法中的搜索算子性能和非支配排序方法构成了巨大挑战。因此,使用传统的多目标进化算法和非支配的排序方式难以获得高维多目标优化模型的最优解。

自适应高维多目标进化算法（Borg算法）是由宾夕法尼亚大学于2013年提出的适用于求解高维多目标优化问题的高级算法。与普通的多目标进化算法相比，其具有以下特性：

1) 基于 ε-支配的排序方法

Pareto 最优解的个数随着目标个数的增加而呈指数规模递增，导致传统的基于 Pareto 支配的排序方法在求解高维多目标问题时会出现非支配解集退化的问题[解集退化是指算法在第 i 时刻求得的解集中，至少有一个解被第 j 时刻（$j<i$）求得的解支配，更严重的退化还会使解集偏离了 Pareto 前沿]。Laumanns 等人提出了一种新型的非支配的排序方法——ε-支配，ε-支配的定义如下：

假设有可行解 X_1、X_2，当且仅当满足如下条件时，称 $\boldsymbol{F}(X_1)\varepsilon$-支配 $\boldsymbol{F}(X_2)$。

$$\forall u \in \{1,2,\cdots,U\}, \quad f_u(X_1) \leqslant f_u(X_2) + \varepsilon \tag{4-5}$$

$$\exists i \in \{1,2,\cdots,U\}, \quad f_i(X_1) < f_i(X_2) + \varepsilon \tag{4-6}$$

在解集的更新策略上，ε-支配与 Pareto 支配相结合，在目标函数空间内构建空间超格（hyper-box），组成 ε-box 支配。ε-box 支配规定每个超格内只能保存一个非支配解，具体的实现方法是为可行解分配辨识向量，以区别不同的可行解所在的空间位置。ε-box 支配的定义如下：

假设有可行解 X_1、X_2，辨识向量分别为 $\boldsymbol{B}(X_1)=[B_1(X_1),B_2(X_1),\cdots,B_k(X_1)]$，$\boldsymbol{B}(X_2)=[B_1(X_2),B_2(X_2),\cdots,B_k(X_2)]$，其中，$\boldsymbol{B}(X_1)=\left\lfloor\dfrac{\boldsymbol{F}(X_1)}{\varepsilon}\right\rfloor$，$\boldsymbol{B}_i(X_1)=\left\lfloor\dfrac{f_i(X_1)}{\varepsilon}\right\rfloor$，$\boldsymbol{B}(X_2)=\left\lfloor\dfrac{\boldsymbol{F}(X_2)}{\varepsilon}\right\rfloor$，$\boldsymbol{B}_i(X_2)=\left\lfloor\dfrac{f_i(X_2)}{\varepsilon}\right\rfloor$，$i=1,2,\cdots,U$。

$$\lfloor \boldsymbol{B}(X_1) \rfloor < \lfloor \boldsymbol{B}(X_2) \rfloor \tag{4-7a}$$

$$\lfloor \boldsymbol{B}(X_1) \rfloor = \lfloor \boldsymbol{B}(X_2) \rfloor \text{ 或 } \|\boldsymbol{F}(X_1) - \varepsilon\lfloor \boldsymbol{B}(X_1) \rfloor\| < \|\boldsymbol{F}(X_2) - \varepsilon\lfloor \boldsymbol{B}(X_2) \rfloor\| \tag{4-7b}$$

式中，"$\lfloor \cdot \rfloor$"表示对函数值向下取整。如果满足式(4-7)中任一个条件，则表示 $\boldsymbol{F}(X_1)\varepsilon$-支配 $\boldsymbol{F}(X_2)$，记为 $\boldsymbol{F}(X_1) <_\varepsilon \boldsymbol{F}(X_2)$。

式(4-7a)表示非支配解在不同的超格内支配的情况；式(4-7b)表示非支

配解在同一个超格内支配的情况,图4.4表示该种情况在二维空间下的示意图。当可行解X_1、X_2在同一个空间超格内,但是X_1比X_2离其相同的辨识向量更近一些,于是X_1被留在了这个超格内,X_2被淘汰。

使用ε-支配的优点使算法可以在较短的时间内得到均匀分布的非支配解集,而且工程人员可以通过控制ε值的大小来获得指定精度的非支配解。

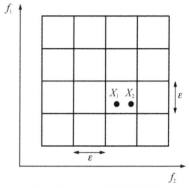

图4.4 *ε*-box 支配示意图

2) 基于ε-progress的进展判断策略

虽然上述的ε-支配避免了解集退化和保证了种群多样性,但是对于产生新解的搜索过程却无法控制。供水管网的优化问题是一个多模态的问题,早期的多目标优化算法在求解多模态问题时易发生早熟收敛陷入局部最优,从而导致搜索停滞的现象。

Borg算法的ε-progress搜索进展判断策略是指在ε-支配机制的进化过程中,在不存在可行解的超格内进化产生新的解,并且这个新的解ε-支配现存的解,因此这个新的解被保存留下,被支配的解被淘汰。ε-progress的示意图如图4.5所示。

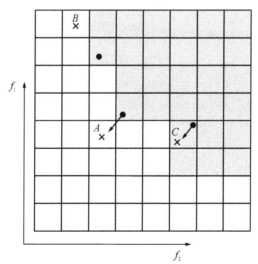

图4.5 二维空间下 *ε*-progress 示意图

在图 4.5 中，实心圆点"·"表示现存的种群个体，被现存的个体支配的部分用灰色表示，"×"表示更新的个体，在往目标函数最小化搜索前进的过程中，新增加三个解，其中两个位于超格 A、B 中，超格 A、B 原来不存在非支配解，因此这两个新增加的解的进化距离大于 ε，所以维持了 ε-progress 的进展判断策略。而位于超格 C 中的新解，进化距离与原来的解相比小于 ε，所以没有保证 ε-progress 的进展判断策略。

3）两种重启动机制

在 Borg 算法中还包含了两种重启动机制。一种是通过周期性监测 ε-progress 的搜索进程，与上一个周期监测的解集相比较，如果本周期的解集的进化距离小于 ε，即未维持 ε-progress 的搜索前进策略，则原搜索就会停止，算法将重新初始化并开始新的搜索；另一种是 Borg 算法实时监测种群大小与解集的比例 γ，研究发现对于求解现实中的多模态问题，种群大小与解集大小相差较小有助于避免解集陷入局部最优解。因此，当 Borg 监测到该比例 $\gamma > 1.25$，则触发重启动。

4）多种搜索算子联合优化

Borg 算法在优化过程中使用六种不同搜索性能的算子，分别是模拟二进制交叉算子（SBX），差分进化算子（DE），以父个体为中心的交叉算子（PCX），单模正态分布交叉算子（UNDX），单纯形交叉算子（SPX），均匀变异算子（UM）。在求解时根据每个算子产生的子代质量建立反馈机制，自动调整每个算子的应用比例，从而保证搜索性能突出的算子有更大的概率产生子代个体，有效提高了解集的质量。

Borg 算法的上述特性可同时保证解集的收敛性和多样性，有效避免提前收敛而陷入局部最优解。相关的对比实验已经证明 Borg 算法与其他常用的多目标进化算法相比，在不同规模和复杂度的高维多目标优化问题上具有显著优势。

4.2 多属性决策方法

当得到所有 Pareto 最优前沿解集后，如何从众多的非劣解集中选取符合要求、实际可行的方案，仍是多目标优化问题求解的研究范畴。在多目标优化问题的解集中，每一个最优解通过目标函数映射得到优化目标的值，优化目标可以表示为解的属性,其值为该属性的属性值。因此,对于多目标优化问题解集的评价可以采用多属性决策的方法进行优劣排序。

逼近理想的排序方法——优劣解距离法(TOPSIS)进行多属性决策研究,为决策者提供合理恰当的方案。TOPSIS 由 Wang 和 Yooh 于 1981 年首次提出,既可以客观地在多属性情况下对各方案进行综合评估,又可以加入评估者的主观偏好(例如赋权重)来对各方案进行综合评估。

TOPSIS 的基本原理是通过检测评价方案与理想方案、负理想方案的相对距离进行排序。理想解方案是设想的最优的方案,它的各个属性值都达到全体评估方案中最好的值;同理,负理想方案是另一设想的方案,它的各个属性值都达到了全体评估方案中最差的值。当我们把每个实际的方案与理想方案和负理想方案作比较,如其中一个方案最靠近理想方案的同时,又最远离负理想解,这个方案应当是方案集中综合效益最好的。TOPSIS 采用这种原理将备选方案进行优劣排序,其具体步骤为:

(1) 构造决策矩阵,并进行标准化。将属性值分为成本型属性和效益型属性。成本型属性值越小越好,效益型属性则相反。

(2) 构造加权的标准化决策矩阵 $\boldsymbol{K}$。

(3) 确定理想方案 $\boldsymbol{K}^*$ 和负理想方案 $\boldsymbol{K}^0$。理想方案是每个属性的最佳值构成的方案,负理想方案则是每个属性最差值构成的方案。在评价的方案中,理想方案和负理想方案有可能是不存在的。

$$\boldsymbol{K}^* = \{k_1^*, k_2^*, \cdots, k_j^*, \cdots, k_n^*\} \tag{4-8}$$

$$\boldsymbol{K}^0 = \{k_1^0, k_2^0, \cdots, k_j^0, \cdots, k_n^0\} \tag{4-9}$$

(4) 计算决策矩阵中各方案到理想方案和负理想方案的欧式距离 d_i^*, d_i^0。

$$d_i^* = \sqrt{\sum_{j=1}^n (k_{ij} - \boldsymbol{K}^*)^2} \tag{4-10}$$

$$d_i^0 = \sqrt{\sum_{j=1}^n (k_{ij} - \boldsymbol{K}^0)^2} \tag{4-11}$$

(5) 计算各方案对理想方案的相对接近程度 S_i^*。将各个方案按 S_i^* 大小降序排序,S_i^* 越大,表示该方案相对离理想方案较近,离负理想方案较远,综合效益更优。

$$S_i^* = \frac{d_i^0}{d_i^0 + d_i^*} \tag{4-12}$$

第 5 章 不确定条件下优化算法

5.1 不确定优化理论

不确定性方法比确定性方法提供更大的灵活性。基于数据质量和可用性，可以使用随机、模糊和区间方法来处理不确定性。随机理论有助于反映变量的随机特性；模糊集理论有利于表示变量的不精确性和模糊性特征；而区间理论在描述不确定数据的极端情况时相对简单，但其信息质量最低。随机变量需要概率分布函数（PDF）的信息，它可以根据历史记录生成。在缺乏数据的情况下，可以使用最大熵方法或简化法获得 PDF。模糊集理论是处理不确定参数的一种有效方法。它的可能性分布可以根据公众调查或专家经验使用有限的数据来定义。例如，研究人员可以简单地使用最小可能值、最大可能值和最可能值，利用工程师的经验或可用数据点生成模糊参数的分布。研究表明忽视供水管网中的不确定性会严重影响其设计功能的实现。

为解决供水管理问题中的不确定性开发了许多不精确的优化方法，如 Babayan 等提出了一个随机约束单目标优化模型，用于供水管网的最小成本设计[107]。Huang 等提出了不确定条件下水资源规划的区间两阶段随机规划模型[108]。Maqsood 等提出了一个解决水资源管理问题的不精确模糊两阶段方案，其中不确定性不仅表现为离散区间，还表现为可能性和概率分布[109]。Li 等开发了一种区间参数模糊多级规划方法，并将其应用于水资源管理系统中，其中不确定性以多种形式描述[110]。Lu 等提出了一种联合供水系统的粗糙区间两阶段规划方法[111]。Chen 等提出了一种不确定条件下水资源再分配的模糊多目标评价方法，采用了四种模糊算子来解决与决策相关的复杂性[112]。Xu 等提出了一种改进的区间规划方法，称为基于可接受指数的区间法，用于分析不确定性条件下的城市供水问题[113]。

一般来说，上述方法在处理水资源管理中的不确定性问题时显示出优势。

从方法论的角度来看,区间规划在处理模型约束右侧的高度不确定参数时可能会遇到困难[109],可应用机会约束规划(CCP)分析模型的不确定性。早期的供水管网优化设计将节点满足最小可允许的压力需求条件下系统费用最小作为目标函数,也称为最小费用设计,然而,这些最小费用设计公式没有提供在系统需求随设计情况变化时的冗余度或鲁棒性。机会约束模型可以分析供水管网需水量、水压和管段粗糙系数等多因素的不确定性。另外,利用水质模型很难准确模拟水中余氯的衰减过程。这种不确定性增加了供水管网优化的复杂性,使得传统的优化方法难以求解。因此,采用了机会约束优化模型,该模型适用于解决不确定条件下的加氯站加氯策略问题。随机机会约束规划(SCCP)可以处理嵌入在目标函数和模型约束两侧的不确定性[114],但将目标函数和不确定性约束转化为确定等式相对比较麻烦,可能有很高的计算要求。模糊机会约束规划(FCCP)将约束条件转换为确定性条件的计算要求相对较低,并且该模型可以提供更灵活的解决方案,以在预定的置信水平下实现较低的系统成本。是一种可行的模型选择[115]。且从 FCCP 获得的结果反映了模糊环境中系统成本和可靠性之间的折中,这有利于与模糊推理联系起来进行决策分析[116]。

供水管网的余氯应保持在最大和最小限值之间。最大限值(约 4.0 mg/L)的设定是防止形成消毒副产品以及令人不快的味道和气味[117]。同样,最小限值(一般为 0.2 mg/L)用于控制微生物的生长[118]。因此在满足最小限值的同时,首选较低的余氯浓度。为了使供水管网末端的余氯满足最小限值的要求,需要向管网中注入大量的消毒剂,但是这有可能导致靠近水源节点处的余氯浓度过高。大量研究通过各种方法调查了加氯站的运行方式[119-122]。

5.2 模糊机会约束优化模型

5.2.1 目标函数

$$\mathrm{Min} f = \sum_{j=1}^{n_t} \sum_{i=1}^{n_b+n_s} x_i^j \Delta t \tag{5-1}$$

$$\mathrm{Min} f = \sum_{j=1}^{n_t} \boldsymbol{X}^\mathrm{T} \tag{5-2}$$

式中:n_t、n_b 和 n_s——加氯策略的时间间隔、加氯站的数量和水源的数量;

x_i^j ——第 i 个水源及加氯站在时间 j 的加氯量,kg/min;

$\boldsymbol{X}^{\mathrm{T}}$ ——加氯量矩阵的转置,是所有时间间隔内所有加氯站定期加氯量,kg。

5.2.2 约束条件

在线性优化模型中,余氯浓度具有不确定性,这是由于余氯在供水管网中随时间和空间的衰减规律不确定造成的。模糊机会约束规划方法能够处理由随机和模糊不确定性信息引起的不确定性约束风险。在模糊机会约束优化模型中,要求在给定的概率水平下满足所有的约束条件,这反映了在不确定条件下满足系统约束条件的可靠性,若考虑约束右手边余氯浓度上下限的模糊性,则模糊机会约束规划如下所示[123]。

1) 管网水力平衡约束

(1) 节点流量平衡约束

与式(5-1)一致。

(2) 节点能量守恒约束

与式(5-4)一致。

2) 余氯浓度的上下限机会约束条件

(1) 节点余氯浓度约束

$$\widetilde{C}_{\mathrm{L}} \leqslant C_{ir,tr} = \sum_{j=1}^{n_{\mathrm{t}}} \sum_{i=1}^{n_{\mathrm{b}}+n_{\mathrm{s}}} \boldsymbol{\beta}_{ir,tr}^{i,j} x_i^j \leqslant \widetilde{C}_{\mathrm{U}} \quad (5-3\mathrm{a})$$

$$\widetilde{C}_{\mathrm{L}} \leqslant C = \boldsymbol{B}\boldsymbol{X}^{\mathrm{T}} \leqslant \widetilde{C}_{\mathrm{U}} \quad (5-3\mathrm{b})$$

(2) 节点余氯浓度机会约束

$$Cr(\boldsymbol{B}\boldsymbol{X}^{\mathrm{T}} \leqslant \widetilde{C}_{\mathrm{U}}) \geqslant \lambda_{\mathrm{U}} \quad (5-4\mathrm{a})$$

$$Cr(\widetilde{C}_{\mathrm{L}} \leqslant \boldsymbol{B}\boldsymbol{X}^{\mathrm{T}}) \geqslant \lambda_{\mathrm{L}} \quad (5-4\mathrm{b})$$

式中:$\widetilde{C}_{\mathrm{U}}$ 和 $\widetilde{C}_{\mathrm{L}}$ ——可接受的上下限余氯浓度,mg/L;

$\boldsymbol{\beta}_{ir,tr}^{i,j}$ ——在 tr 时刻 ir 用户处对于第 i 个水源或加氯站在时刻 j 的单位加氯量的响应系数,定义为 $\boldsymbol{\beta}_{ir,tr}^{i,j} = \dfrac{\partial C_{ir,tr}}{\partial x_i^j}$,是所有节点对于监测时间间隔内加氯站的定期加氯量的一体化响应系数矩阵。

针对每个加氯站重复计算节点对于加氯量的响应系数,得到响应系数矩阵

B。然而,响应系数矩阵受到管径、管道粗糙度、主体水衰减系数、管壁衰减系数、节点时空需求变化等参数的影响,由于人口增长、气候变化、生物膜形成、管道腐蚀以及复杂的反应机理,参数具有不确定性和随时间变化的特点,难以准确确定。在假设所有参数均不相关的条件下,不确定参数服从一定的概率分布。一般假设管径服从均匀分布,其他参数服从正态概率分布。为了考察不确定参数的大小对响应系数的影响,输入参数考虑了三个不确定水平。为获得最大、平均和最小响应系数矩阵,在 960 h 的模拟周期内重复水力和水质模拟,直到所有节点的浓度达到周期性稳定条件,即在连续模拟日重复 24 h 内的余氯浓度。最后 24 h 的输出保存为响应系数矩阵。

基于线性叠加原理[30],加氯量对响应节点的影响可以表示为加氯量的线性函数。所有监测时间内所有用户节点处的余氯浓度的响应可通过对每个加氯站位置和加氯周期的叠加来获得。因此,优化模型可以看作是一个线性规划模型。

3) 非负约束

$$x_i^j \geqslant 0 \tag{5-5a}$$

$$\boldsymbol{X}^{\mathrm{T}} \geqslant 0 \tag{5-5b}$$

5.2.3 模型求解

在模糊集合论中,模糊事件的概率通常由可能性和必然性测度来反映,这是模糊数学规划的基本概念[124]。对于具有三角分布的模糊变量 $\tilde{b}$,下界为 b_1,最可能值为 b_2,上界为 b_3,模糊变量 x 隶属函数 $\mu(x)$ 可用式(5-6)表示如下:

$$\mu(x) = \begin{cases} \dfrac{x-b_1}{b_2-b_1}, & b_1 \leqslant x < b_2 \\ \dfrac{x-b_3}{b_2-b_3}, & b_2 \leqslant x \leqslant b_3 \\ 0, & \text{其他} \end{cases} \tag{5-6}$$

假设 a 是 $\Re$ 的任意子集,则模糊事件 $a \leqslant \tilde{b}$ 的可能性测度由式(5-7a)定义如下。

$$\mathrm{Pos}(a \leqslant \tilde{b}) = \sup\{\mu(x) | x \in \Re, a \leqslant x = \sup_{a \leqslant x} \mu(x)\} \tag{5-7a}$$

基于式(5-6)和式(5-7a),模糊事件 $a \leqslant \tilde{b}$ 的可能性测度如式(5-7b)计算

如下。

$$\text{Pos}(a \leqslant \tilde{b}) = \begin{cases} 1, & a \leqslant b_2 \\ \dfrac{a-b_3}{b_2-b_3}, & b_2 < a \leqslant b_3 \\ 0, & a > b_3 \end{cases} \quad (5-7b)$$

同样,模糊事件 $a \leqslant \tilde{b}$ 的必要性表示相反事件的不可能性,可由式(5-8a)定义如下。

$$\text{Nec}(a \leqslant \tilde{b}) = \inf\{1-\mu(x) \mid x \in \Re, a \leqslant x\} = 1 - \text{Pos}(a > \tilde{b}) \quad (5-8a)$$

模糊事件 $a \leqslant \tilde{b}$ 的必要性测度如式(5-8b)计算如下。

$$\text{Nec}(a \leqslant \tilde{b}) = \begin{cases} 1, & a \leqslant b_1 \\ \dfrac{a-b_2}{b_1-b_2}, & b_1 < a \leqslant b_2 \\ 0, & a > b_2 \end{cases} \quad (5-8b)$$

综合的可信度度量采用可能性和必要性度量的平均值,用公式(5-9a)表示如下[125]。

$$Cr(a \leqslant \tilde{b}) = \dfrac{1}{2}[\text{Pos}(a \leqslant \tilde{b}) + \text{Nec}(a \leqslant \tilde{b})] \quad (5-9a)$$

则模糊事件 $a \leqslant \tilde{b}$ 的可信度度量如式(5-9b)所示。

$$Cr(a \leqslant \tilde{b}) = \begin{cases} 1, & a \leqslant b_1 \\ \dfrac{2b_2-b_1-a}{2(b_2-b_1)}, & b_1 < a \leqslant b_2 \\ \dfrac{b_3-a}{2(b_3-b_2)}, & b_2 < a \leqslant b_3 \\ 0, & a > b_3 \end{cases} \quad (5-9b)$$

模糊变量 $\tilde{b}$ 的模糊集及模糊事件 $a \leqslant \tilde{b}$ 的可能性、必要性及可信度如图 5.1 所示。

类似于模糊事件 $a \leqslant \tilde{b}$ 的可能性、必要性和可信性测度的定义,模糊事件 $a \geqslant \tilde{b}$ 的可能性、必要性和可信性测度可由式(5-10a)~式(5-10c)定义如下。

第 5 章 不确定条件下优化算法

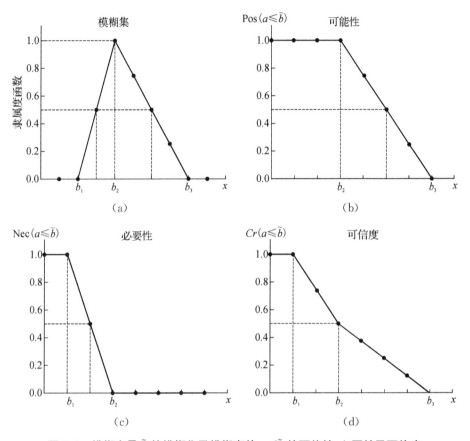

图 5.1 模糊变量 $\tilde{b}$ 的模糊集及模糊事件 $a\leqslant\tilde{b}$ 的可能性、必要性及可信度

$$\mathrm{Pos}(a\geqslant\tilde{b})=\begin{cases}0, & a\leqslant b_2\\ \dfrac{a-b_2}{b_3-b_2}, & b_2<a\leqslant b_3\\ 1, & a>b_3\end{cases} \qquad (5-10\mathrm{a})$$

$$\mathrm{Nec}(a\geqslant\tilde{b})=\begin{cases}0, & a\leqslant b_1\\ \dfrac{a-b_1}{b_2-b_1}, & b_1<a\leqslant b_2\\ 1, & a>b_2\end{cases} \qquad (5-10\mathrm{b})$$

$$Cr(a\geqslant \tilde{b})=\begin{cases}0, & a\leqslant b_1\\ \dfrac{a-b_1}{2(b_2-b_1)}, & b_1<a\leqslant b_2\\ \dfrac{a+b_3-2b_2}{2(b_3-b_2)}, & b_2<a\leqslant b_3\\ 1, & a>b_3\end{cases} \quad (5-10\text{c})$$

模糊变量 $\tilde{b}$ 的模糊集及模糊事件 $a\geqslant \tilde{b}$ 的可能性、必要性及可信度如图 5.2 所示。

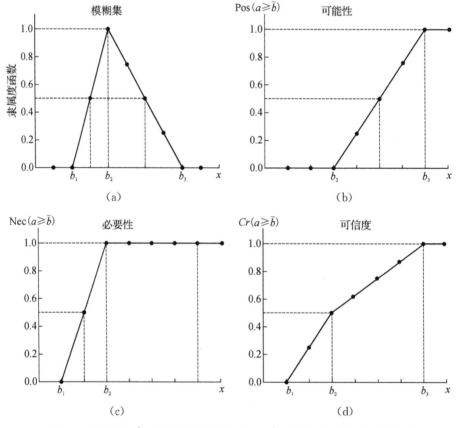

图 5.2 模糊变量 $\tilde{b}$ 的模糊集及模糊事件 $a\geqslant \tilde{b}$ 的可能性、必要性及可信度

对于具有三角分布的模糊上下限，定义变量 $\tilde{C}_U$ 的下界、最可能值和上界分别为 $C_{U_1}, C_{U_2}, C_{U_3}$，定义变量 $\tilde{C}_L$ 的下界、最可能值和上界分别为 $C_{L_1}, C_{L_2}, C_{L_3}$。

对于式(5-4a)$Cr(\boldsymbol{BX}^{\mathrm{T}} \leqslant \widetilde{C}_{\mathrm{U}}) \geqslant \lambda_{\mathrm{U}}$的约束,通过用$S$代替$\boldsymbol{BX}^{\mathrm{T}}$,式(5-4a)可转化为式(5-11a),如下所示。

$$Cr(S \leqslant \widetilde{C}_{\mathrm{U}}) \geqslant \lambda_{\mathrm{U}} \tag{5-11a}$$

让$\mu_{\widetilde{C}_{\mathrm{U}}} = Cr(S \leqslant \widetilde{C}_{\mathrm{U}})$代表$S \leqslant \widetilde{C}_{\mathrm{U}}$的可信度,由于置信水平应大于0.5以使约束有意义,公式(5-11a)可用公式(5-11b)代替,如下所示:

$$1 \geqslant \mu_{\widetilde{C}_{\mathrm{U}}} \geqslant \lambda_{\mathrm{U}} \geqslant 0.5 \tag{5-11b}$$

我们可以得到式(5-12)。

$$Cr(S \leqslant \widetilde{C}_{\mathrm{U}}) = \frac{2C_{\mathrm{U}_2} - C_{\mathrm{U}_1} - S}{2(C_{\mathrm{U}_2} - C_{\mathrm{U}_1})} \geqslant \lambda_{\mathrm{U}} \tag{5-12}$$

可以转化为确定的约束条件,如式(5-13a)所示。

$$S \leqslant C_{\mathrm{U}_2} + (1 - 2\lambda_{\mathrm{U}})(C_{\mathrm{U}_2} - C_{\mathrm{U}_1}) \tag{5-13a}$$

同理,对于式(5-4b)表示为$Cr(\boldsymbol{BX}^{\mathrm{T}} \geqslant \widetilde{C}_{\mathrm{L}}) \geqslant \lambda_{\mathrm{L}}$的约束条件,可以转化为如式(5-13b)的确定性约束条件。

$$S \geqslant 2\lambda_{\mathrm{L}} C_{\mathrm{L}_2} - 2\lambda_{\mathrm{L}} C_{\mathrm{L}_1} + C_{\mathrm{L}_1} \tag{5-13b}$$

因此,在模糊机会约束规划中,目标函数和约束是线性的,可以求解。通过应用模糊机会约束优化公式,可以得到供水管网的总加氯量。

5.2.4 模型应用

1) 数值算例1

小型供水管网如图5.3所示[49],有10个供水节点,由13根管道连接,水库水位为243.8 m。泵的关闭压头值为101.3 m,最大流速为189.3 L/s。水箱为圆柱形,直径为15.4 m。水被输送至节点10处的高位水池(地面标高259.1 m)和节点1~8处的八个用户。不同节点的基本需求范围为6.5 L/s到13 L/s,需求量乘子为0.4到1.6。管道的粗糙系数假定为100。在水质模拟过程中,余氯衰减系数k_0设定为$-1.0/\mathrm{d}$。模糊余氯上限浓度的下界、最可能值和上界分别取3 mg/L、4 mg/L和5 mg/L。模糊余氯下限浓度的下界、最可能值和上界分别取0.1 mg/L、0.2 mg/L和0.3 mg/L。

置信水平λ_{U}和λ_{L}取为0.5和1.0之间的相同值,通过求解λ_{U}和λ_{L}的上限(UL)、下限(LL)和双限(BL)的优化模型,可以得到决策变量和目标函数的优化解。表5.1为可靠性水平分别为0.7、0.8和0.9的上限(UL)、下限(LL)

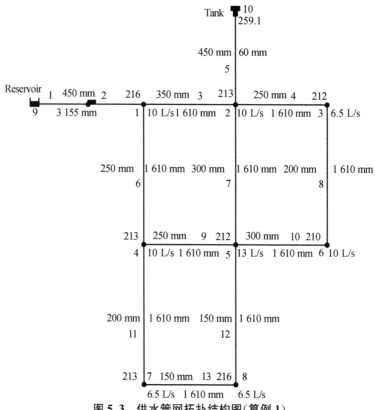

图 5.3 供水管网拓扑结构图（算例 1）

和双限（BL）的优化值之间的比较。

表 5.1 不同可靠性水平下的优化加氯量

$\lambda_U=\lambda_L$	U/(kg/d)			$\lambda_U=\lambda_L$	U/(kg/d)			$\lambda_U=\lambda_L$	U/(kg/d)		
	UL	LL	BL		UL	LL	BL		UL	LL	BL
0.70	11.27	13.53	13.53	0.80	11.27	14.66	14.66	0.90	11.27	15.78	15.78

对于上限（UL），优化方案与可靠性水平 λ 无关，为 11.27 kg/d，说明上限约束对优化解没有任何影响。对于下限（LL）和双限（BL），在相同的可靠性水平 λ 下，优化的加氯量是相同的。

2）数值算例 2

BrushyPlain 配水管网系统如图 5.4 所示，由一个带泵站的水源节点、34 个用户节点、一个水池和 40 条管道组成。节点 1 是源节点，节点 9 和节点 25 被认为是可能的加氯站位置[117,126]，位于节点 1 的泵的供水量为 $-4\,400\times10^{-5}\ \mathrm{m^3/s}$，节点 26 处水池的直径为 15.25 m，为完全混合圆柱形水池，最高和最低水位分别为 21.35 m 和 15.25 m。将源类型设为加氯量型，时间步长为 1 h，共 24 h，与 24 h 的水力循环时间重合，得到响应系数矩阵 $\boldsymbol{B}$。通过模拟 960 h 的水力和水质分析，确保系统稳定并获得周期性，采用最后 24 h 分析结果。余氯主体水体积衰减系数和管壁衰减系数分别设置为 $k_\mathrm{b}=0.53/\mathrm{d}$ 和 $k_\mathrm{w}=5.1\ \mathrm{mm/d}$。模糊上下限的下界、最可能值和上界与数值算例 1 相同。

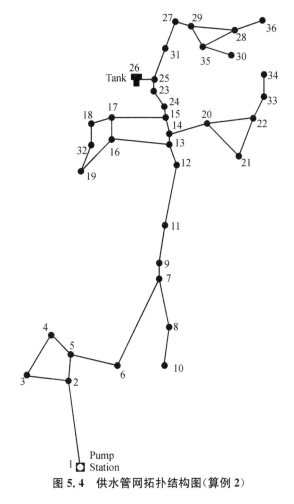

图 5.4　供水管网拓扑结构图（算例 2）

与算例 1 类似，可靠性等级为 0.5 的各加氯站总加氯量见表 5.2。两个加氯站时，在相同可靠性水平 λ 下，节点 1、9 所需的总加氯量高于节点 1 和节点

25 的总加氯量,结果表明,供水管网末端的加氯能显著改善水质。表中,节点 1 和 25 两个加氯站的总加氯量下降几乎是节点 1 和节点 9 的总加氯量的两倍。研究结果与其他文献一致[119]。而且加氯站的数量从 2 个增加到 3 个不能显著降低总加氯量。

表 5.2 加氯站数目对总加氯量的影响($\lambda_U = \lambda_L = 0.5, 0.9$)

加氯点	$\lambda_U=\lambda_L=0.5$					$\lambda_U=\lambda_L=0.9$				
	总加氯量/(kg/d)	下降/(kg/d)	BCI/($/d)	BCD/($/d)	总费用/($/d)	总加氯量/(kg/d)	下降/(kg/d)	BCI/($/d)	BCD/($/d)	总费用/($/d)
1	2.73	/	5.46	6.45	11.91	3.83	/	7.66	6.74	14.40
1,9	2.22	0.51	4.44	11.15	15.59	3.10	0.73	6.20	11.65	17.85
1,25	1.70	1.03	3.40	11.06	14.46	2.38	1.45	4.76	11.55	16.31
1,9,25	1.57	1.16	3.14	15.58	18.72	2.20	1.63	4.40	16.27	20.67

由于加氯总成本不仅包括氯投加成本(BCI),还包括加氯站建设成本(BCD)[127],因此对算例中的各种加氯策略进行了经济比较,如表 5.2 所示。BCI 由式(5-14a)计算,如下所示。

$$\text{BCI} = \alpha \sum_{j=1}^{n_t} \sum_{i=1}^{n_b+n_s} x_i^j \quad (5-14a)$$

其中 BCI 指氯投加运行成本($\cdot d^{-1}$),α 指单位加氯成本,假设为 2 $\cdot kg^{-1}$ Cl。
BCD 由式(5-14b)计算,如下所示。

$$\text{BCD} = \sum_{i=1}^{n_b+n_s} \beta (x_i^{\max})^\gamma + \theta V_i \quad (5-14b)$$

式中:BCD——加氯建设成本,$\cdot d^{-1}$;

$x_i^{\max}$——最大的第 i 个加氯站化的投加率,mg·min^{-1};

V_i——第 i 个加氯站总投加量,mg;

β, γ, θ ——经验系数,分别假设为 2.21 $(mg \cdot min^{-1})^{-\gamma}$、0.13 和 0 $/mg[127]$。

一般来说,加氯站越多,投氯费用 BCI 越小,而加氯站越多,加氯站建设费用 BCD 越大,导致 BCI 和 BCD 的总成本随着加氯站的增加而增加。在设置两个加氯站的情况下,将节点 1 和节点 9 设置为加氯站的总成本高于将节点 1 和节点 25 设置为加氯站的总成本,说明将加氯站设置在远离源节点的位置可以显著降低加氯量,这也可以降低总成本,包括 BCI 和 BCD。

参考文献

[1] 张宏伟,牛志广. 城市供水系统优化运行模型的研究[J]. 天津大学学报(自然科学与工程技术版),2003,36(4):434-438.

[2] 王广宇,解建仓,张建龙. 基于改进蚁群算法的供水管网优化计算[J]. 西北农林科技大学学报(自然科学版),2014,42(1):228-234.

[3] Farmani R, Savic D A, Walters G A. Evolutionary multi-objective optimization in water distribution network design[J]. Engineering Optimization, 2005, 37(2): 167-183.

[4] Vasan A, Simonovic S P. Optimization of water distribution network design using differential evolution[J]. Journal of Water Resources Planning and Management, 2010, 136(2): 279-287.

[5] 刘辛悦,童俊,蒋丽云,等. 城市供水管网补充加氯的实践与优化[J]. 净水技术,2022,41(S02):23-27,178.

[6] Abhijith G R, Ostfeld A. Model-based investigation of the formation, transmission, and health risk of perfluorooctanoic acid, a member of PFASs group, in drinking water distribution systems[J]. Water Research, 2021, 204: 117626.

[7] Abulikemu G, Mistry J H, Wahman D G, et al. Investigation of chloramines, disinfection byproducts, and nitrification in chloraminated drinking water distribution systems[J]. Journal of Environmental Engineering, 2022, 149(1): 1-12.

[8] Maheshwari A, Abokifa A, Gudi R D, et al. Optimization of disinfectant dosage for simultaneous control of lead and disinfection-byproducts in water distribution networks[J]. Journal of Environmental Management, 2020, 276: 111186.

[9] Wang Y M, Zhu J G, Zhu G C. Water quality reliability based on an improved entropy in a water distribution system[J]. Journal of Water Supply: Research and Technology-Aqua, 2022, 71(7): 862-877.

[10] Wang Y M, Wang S Y, Wu Y F. Optimal design based on surrogate reliability measures for water distribution systems[J]. Iranian Journal of Science and Technology, Transactions of Civil Engineering, 2023, 47(6): 3949-3960.

［11］Su Y C,Mays L W,Duan N,et al. Reliability-based optimization model for water distribution systems［J］. Journal of Hydraulic Engineering,1987,113(12):1539-1556.

［12］Choi Y H,Kim J H. Topological and mechanical redundancy-based optimal design of water distribution systems in many-objective optimization［J］. Engineering Optimization,2020,52(11):1974-1991.

［13］赵美玲,张巧珍,朱俊,等. 基于在线模型的供水管网优化调度系统设计［J］. 中国给水排水,2022,38(16):35-39.

［14］杨佳莉,杜坤,侯邑,等. 考虑多消防工况的旅游古城镇供水管网优化设计［J］. 中国给水排水,2021,37(17):38-43.

［15］Zarei N,Azari A,Heidari M M. Improvement of the performance of NSGA-Ⅱ and MOPSO algorithms in multi-objective optimization of urban water distribution networks based on modification of decision space［J］. Applied Water Science,2022,12(6):133.

［16］Housh M,Jamal A. Utilizing matrix completion for simulation and optimization of water distribution networks［J］. Water Resources Management,2022,36(1):1-20.

［17］Fan Y,Chen H R,Gao Z Y,et al. A model coupling water resource allocation and canal optimization for water distribution［J］. Water Resources Management,2023,37(3):1341-1365.

［18］Qiu M N,Housh M,Ostfeld A. Analytical optimization approach for simultaneous design and operation of water distribution-systems optimization［J］. Journal of Water Resources Planning and Management,2021,147(3):6020014

［19］Hu Z K,Chen W L,Chen B,et al. Robust hierarchical sensor optimization placement method for leak detection in water distribution system［J］. Water Resources Management,2021,35(12):3995-4008.

［20］Sharma A N,Dongre S R,Gupta R,et al. Multiphase procedure for identifying district metered areas in water distribution networks using community detection,NSGA-Ⅲ optimization,and multiple attribute decision making［J］. Journal of Water Resources Planning and Management,2022,148(8):1-11.

［21］Marquez Calvo O O,Quintiliani C,Alfonso L,et al. Robust optimization of valve management to improve water quality in WDNs under demand uncertainty［J］. Urban Water Journal,2018,15(10):943-952.

［22］阿依努尔·米吉提. 基于综合水龄指数评价的供水管网优化调度研究［J］. 陕西水利,2019(6):114-116.

［23］Sarbu I. Optimization of urban water distribution networks using deterministic and heuristic techniques: Comprehensive review[J]. Journal of Pipeline Systems Engineering and Practice, 2021, 12(4): 3121001.

[24] Ali Khaksar Fasaee M, Monghasemi S, Nikoo M R, et al. A K-Sensor correlation-based evolutionary optimization algorithm to cluster contamination events and place sensors in water distribution systems[J]. Journal of Cleaner Production, 2021, 319: 128763.

[25] Boccelli D L, Tryby M E, Uber J G, et al. Optimal scheduling of booster disinfection in water distribution systems[J]. Journal of Water Resources Planning and Management, 1998, 124(2): 99-111.

[26] Tryby M E, Boccelli D L, Uber J G, et al. Facility location model for booster disinfection of water supply networks[J]. Journal of Water Resources Planning and Management, 2002, 128(5): 322-333.

[27] Munavalli G R, Mohan Kumar M S. Optimal scheduling of multiple chlorine sources in water distribution systems[J]. Journal of Water Resources Planning and Management, 2003, 129(6): 493-504.

[28] Prasad T D, Park N S. Multiobjective genetic algorithms for design of water distribution networks[J]. Journal of Water Resources Planning and Management, 2004, 130(1): 73-82.

[29] Propato M, Uber J G. Linear least-squares formulation for operation of booster disinfection systems[J]. Journal of Water Resources Planning and Management, 2004, 130(1): 53-62.

[30] Lansey K, Pasha F, Pool S, et al. Locating satellite booster disinfectant stations[J]. Journal of Water Resources Planning and Management, 2007, 133(4): 372-376.

[31] Behzadian K, Alimohammadnejad M, Ardeshir A, et al. A novel approach for water quality management in water distribution systems by multi-objective booster chlorination[J]. International Journal of Civil Engineering, 2012, 10(1): 51-60.

[32] Nono D, Basupi I, Odirile P T, et al. Integrating booster chlorination and operational interventions in water distribution systems[J]. Journal of Hydroinformatics, 2018, 20(5): 1025-1041.

[33] He G L, Zhang T Q, Zheng F F, et al. An efficient multi-objective optimization method for water quality sensor placement within water distribution systems considering contamination probability variations[J]. Water Research, 2018, 143: 165-175.

[34] Palod N, Prasad V, Khare R. Reliability-based optimization of water distribution networks[J]. Water Supply, 2022, 22(2): 2133-2147.

[35] Hayelom A, Ostfeld A. Network subsystems for water distribution system optimization [J]. Journal of Water Resources Planning and Management, 2022, 148(12):6022003.

[36] Dandy G, Wu W Y, Simpson A, et al. A review of sources of uncertainty in optimization objectives of water distribution systems[J]. Water, 2022, 15(1):136.

[37] Safavi H R, Ghorbani V, Geranmehr M. Optimization of water distribution networks using a new entropy-based mixed reliability index and a fuzzy-based constraint handling technique[J]. Iranian Journal of Science and Technology, Transactions of Civil Engineering, 2022, 46(5):3833-3842.

[38] Jafari S M, Zahiri A, Bozorg-Haddad O, et al. Development of multi-objective optimization model for water distribution network using a new reliability index[J]. International Journal of Environmental Science and Technology, 2022, 19(10):9757-9774.

[39] Liu R Z, Guo F C, Sun W Q, et al. A new method for optimization of water distribution networks while considering accidents[J]. Water, 2021, 13(12):1651.

[40] 骆碧君. 基于可靠度分析的供水管网优化研究[D]. 天津:天津大学, 2010.

[41] Senavirathna K H M R N, Thalagala S, Walgampaya C K. Use of honey-bee mating optimization algorithm to design water distribution network in gurudeniya service zone, gurudeniya, Sri Lanka[J]. Engineer: Journal of the Institution of Engineers, Sri Lanka, 2022, 55(1):105.

[42] Koritsas E, Sidiropoulos E, Evangelides C. Optimization of branched water distribution systems by means of a Physarum—Inspired algorithm [J]. Proceedings, 2018, 2(11):598.

[43] Azargashb Lord S, Hashemy Shahdany S M, Roozbahani A. Minimization of operational and seepage losses in agricultural water distribution systems using the ant colony optimization[J]. Water Resources Management, 2021, 35(3):827-846.

[44] Sarbu I, Popa-Albu S, Tokar A. Multi-objective optimization of water distribution networks: An overview[J]. International Journal of Advanced and Applied Sciences, 2020, 7(11):74-86.

[45] Liu H X, Shoemaker C A, Jiang Y Z, et al. Preconditioning water distribution network optimization with head loss-based design method[J]. Journal of Water Resources Planning and Management, 2020, 146(12):4020093.

[46] Jia Y H, Mei Y, Zhang M J. A two-stage swarm optimizer with local search for water distribution network optimization[J]. IEEE Transactions on Cybernetics, 2023, 53(3):1667-1681.

[47] Ezzeldin R M, Djebedjian B. Optimal design of water distribution networks using whale optimization algorithm[J]. Urban Water Journal, 2020, 17(1): 14-22.

[48] Balekelayi N, Woldesellasse H, Tesfamariam S. Comparison of the performance of a surrogate based Gaussian process, NSGA2 and PSO multi-objective optimization of the operation and fuzzy structural reliability of water distribution system: Case study for the city of *Asmara*, *eritrea*[J]. Water Resources Management, 2022, 36(15): 6169-6185.

[49] Rossman L A, Clark R M, Grayman W M. Modeling chlorine residuals in drinking-water distribution systems[J]. Journal of Environmental Engineering, 1994, 120(4): 803-820.

[50] 黄佐之. 城乡一体供水管网二次加氯优化控制技术研究[D]. 杭州: 浙江大学, 2012.

[51] 蒋履祥. 喷灌管网系统的管径优化设计[J]. 喷灌技术, 1989(1): 7-11, 64.

[52] Oron G, Karmeli D. Solid set irrigation system design using linear programming[J]. JAWRA Journal of the American Water Resources Association, 1981, 17(4): 565-570.

[53] Kally E. Pipeline planning by dynamic computer programming[J]. Journal of American Water Works Association, 1969, 61(3): 114-118.

[54] Goulter I C, Lussier B M, Morgan D R. Implications of head loss path choice in the optimization of water distribution networks[J]. Water Resources Research, 1986, 22(5): 819-822.

[55] Su Y C, Mays L W, Duan N, et al. Reliability-based optimization model for water distribution systems[J]. Journal of Hydraulic Engineering, 1987, 113(12): 1539-1556.

[56] Lansey K E, Mays L W. Optimization model for water distribution system design[J]. Journal of Hydraulic Engineering, 1989, 115(10): 1401-1418.

[57] 俞国平, 刘静. 微观模型配水系统的优化调度[J]. 给水排水, 2004, 30(7): 106-108.

[58] 王彤, 赵洪宾, 王林, 等. 赤峰市给水管网优化改扩建研究[J]. 西北建筑工程学院学报(自然科学版), 1996(4): 56-64.

[59] Wong P, Larson R. Optimization of natural-gas pipeline systems via dynamic programming[J]. IEEE Transactions on Automatic Control, 1968, 13(5): 475-481.

[60] 王新坤, 程冬玲, 林性粹. 枚举法与动态规划法结合优化田间管网[J]. 干旱地区农业研究, 2001, 19(2): 61-66.

[61] 刘思远. 基于水质保障的城乡一体化供水系统改建优化研究[D]. 杭州: 浙江大学, 2011.

[62] Sarbu I, Popa-Albu S. Optimization of urban water distribution networks using heuristic methods: An overview[J]. Water International, 2023, 48(1): 120-148.

[63] Metropolis N, Rosenbluth A W, Rosenbluth M N, et al. Equation of state calculations by

fast computing machines[J]. Journal of Chemical Physics,1953,21(6),1087-1092.

[64] Kirkpatrick S. Optimization by simulated annealing: Quantitative studies[J]. Journal of Statistical Physics,1984,34(5):975-986.

[65] 李杰,卫书麟,刘威.基于模拟退火算法的供水管网抗震优化设计[J].地震工程与工程振动,2009,29(3):108-114.

[66] 许文斌,王圃,何英,等.基于枝解法退火遗传算法的树状管网优化设计[J].安全与环境学报,2013,13(3):97-101.

[67] 周荣敏,买文宁,雷延峰,等.自压式树状管网神经网络优化设计[J].水利学报,2002,33(2):66-70.

[68] Goldberg D E. Computer-aided pipeline operation using genetic algorithms and rule learning. PART II:Rule learning control of a pipeline under normal and abnormal conditions[J]. Engineering with Computers,1987,3(1):47-58.

[69] Savic D A,Walters G A. Genetic algorithms for least-cost design of water distribution networks[J]. Journal of Water Resources Planning and Management,1997,123(2):67-77.

[70] Dandy G C,Simpson A R,Murphy L J. An improved genetic algorithm for pipe network optimization[J]. Water Resources Research,1996,32(2):449-458.

[71] Van Zyl J E,Savic D A,Walters G A. Operational optimization of water distribution systems using a hybrid genetic algorithm[J]. Journal of Water Resources Planning and Management,2004,130(2):160-170.

[72] Zheng F F,Qi Z X,Bi W W,et al. Improved understanding on the searching behavior of NSGA-II operators using Run-time measure metrics with application to water distribution system design problems[J]. Water Resources Management,2017,31(4):1121-1138.

[73] Halhal D,Walters G A,Ouazar D,et al. Water network rehabilitation with structured messy genetic algorithm[J]. Journal of Water Resources Planning and Management,1997,123(3):137-146.

[74] Prasad T D,Park N S. Multiobjective genetic algorithms for design of water distribution networks[J]. Journal of Water Resources Planning and Management,2004,130(1):73-82.

[75] 王文远.用基因算法求管网经济管径[J].给水排水,1997,23(12):22-25.

[76] 周荣敏,林性粹.应用单亲遗传算法进行树状管网优化布置[J].水利学报,2001,32(6):14-18.

[77] 葛琳,许仕荣.基于遗传算法的给水管网优化设计[J].湖南大学学报(自然科学版),2003,30(S1):167-170.

[78] 王荣和,姚仁忠,潘建华.遗传算法在给水管网现状分析中的应用[J].给水排水,2000,26(9):31.

[79] 苏馈足,徐得潜,朱梅.用混合式遗传算法进行给水管网现状分析[J].工业用水与废水,2003,34(1):53-55.

[80] Kennedy J,Eberhart R. Particle swarm optimization[C]//Proceedings of ICNN'95—International Conference on Neural Networks. Perth,WA,Australia. IEEE,1995:1942-1948.

[81] Montalvo I,Izquierdo J,Schwarze S,et al. Multi-objective particle swarm optimization applied to water distribution systems design:An approach with human interaction[J]. Mathematical and Computer Modelling,2010,52(7/8):1219-1227.

[82] Bansal J C,Deep K. Optimal design of water distribution networks via particle swarm optimization[C]//2009 IEEE International Advance Computing Conference. Patiala,India. IEEE,2009:1314-1316.

[83] 张土乔,黄亚东,吴小刚.供水管网水质监测点优化选址研究[J].浙江大学学报(工学版),2007,41(1):1-5.

[84] 杨亚红,王瑛,曹辉.基于粒子群优化算法的环状管网优化设计[J].兰州理工大学学报,2007,33(1):136-138.

[85] Shi Y,Eberhart R. A modified particle swarm optimizer[C]//1998 IEEE International Conference on Evolutionary Computation Proceedings. IEEE World Congress on Computational Intelligence (Cat. No. 98TH8360). Anchorage,AK,USA. IEEE,1998:69-73.

[86] Eusuff M M,Lansey K E. Optimization of water distribution network design using the shuffled frog leaping algorithm[J]. Journal of Water Resources Planning and Management,2003,129(3):210-225.

[87] El-Ghandour H A,Elbeltagi E. Comparison of five evolutionary algorithms for optimization of water distribution networks[J]. Journal of Computing in Civil Engineering,2018,32(1):4017066.

[88] 李英海,周建中,杨俊杰,等.一种基于阈值选择策略的改进混合蛙跳算法[J].计算机工程与应用,2007,43(35):19-21.

[89] 常存霞.基于改进混合蛙跳算法的多水源供水系统优化研究[D].重庆:重庆大学,2018.

［90］ Clerc M,Kennedy J. The particle swarm-explosion,stability,and convergence in a multi-dimensional complex space[J]. IEEE Transactions on Evolutionary Computation,2002,6(1):58-73.

［91］ Colorni A,Dorigo M,Maniezzo V. Distributed optimization by ant colonies[C]//Proceedings of the 1st European Conference on Artificial Life (ECAL 91),Paris,France,1991:134-142.

［92］ Dorigo M,Di Caro G,Gambardella L M. Ant algorithms for discrete optimization[J]. Artificial Life,1999,5(2):137-172.

［93］ Maier H R,Simpson A R,Zecchin A C,et al. Ant colony optimization for design of water distribution systems[J]. Journal of Water Resources Planning and Management,2003,129(3):200-209.

［94］ 陈洪涛. 蚁群算法在排水管网系统优化设计中的应用研究[D]. 天津:天津大学,2012.

［95］ Kim J H,Geem Z W,Kim E S. Parameter estimation of the nonlinear Muskingum model using harmony search[J]. Journal of the American Water Resources Association,2001,37(5):1131-1138.

［96］ Mahdavi M,Fesanghary M,Damangir E. An improved harmony search algorithm for solving optimization problems[J]. Applied Mathematics and Computation,2007,188(2):1567-1579.

［97］ 熊柳. 基于高维多目标优化的供水管网设计研究[D]. 广州:广东工业大学,2018.

［98］ Boano F,Scibetta M,Ridolfi L,et al. Water distribution system modeling and optimization: A case study[J]. Procedia Engineering,2015,119:719-724.

［99］ 潘永昌,储诚山,徐志标,等. 基于遗传算法的给水管网多目标优化设计[J]. 给水排水,2008,34(S1):343-347.

［100］ Kurek W,Ostfeld A. Multi-objective optimization of water quality,pumps operation,and storage sizing of water distribution systems[J]. Journal of Environmental Management,2013,115:189-197.

［101］ 柳晓明. 基于自适应粒子群算法的城市给水管网优化设计[D]. 重庆:重庆大学,2012.

［102］ Marques J,Cunha M,Savić D A. Multi-objective optimization of water distribution systems based on a real options approach[J]. Environmental Modelling & Software,2015,63:1-13.

［103］ Deb K,Pratap A,Agarwal S,et al. A fast and elitist multiobjective genetic algorithm: NSGA-Ⅱ[J]. IEEE Transactions on Evolutionary Computation,2002,6(2):182-197.

［104］ 乔俊飞,魏静,韩红桂. 基于改进NSGA2算法的给水管网多目标优化设计[J]. 控制工程,

2016,23(12):1861-1866.

[105] 庄宝玉,杨宇飞,赵新华.基于改进混合蛙跳算法的供水管网优化[J].中国给水排水,2011,27(9):45-49.

[106] 刘梦云.基于多目标和声搜索算法的给水管网优化设计的研究[D].杭州:浙江工业大学,2013.

[107] Babayan A,Kapelan Z,Savic D,et al. Least-cost design of water distribution networks under demand uncertainty[J]. Journal of Water Resources Planning and Management,2005,131(5):375-382.

[108] Huang G H,Loucks D. An inexact two-stage stochastic programming model for water resources management under uncertainty[J]. Civil Engineering and Environmental Systems,2000,17(2):95-118.

[109] Maqsood I,Huang G H,Scott Yeomans J. An interval-parameter fuzzy two-stage stochastic program for water resources management under uncertainty[J]. European Journal of Operational Research,2005,167(1):208-225.

[110] Li Y P,Huang G H,Nie S L,et al. Inexact multistage stochastic integer programming for water resources management under uncertainty[J]. Journal of Environmental Management,2008,88(1):93-107.

[111] Lu H W,Huang G H,He L. Inexact rough-interval two-stage stochastic programming for conjunctive water allocation problems[J]. Journal of Environmental Management,2009,91(1):261-269.

[112] Chen H W,Chang N B. Using fuzzy operators to address the complexity in decision making of water resources redistribution in two neighboring river basins[J]. Advances in Water Resources,2010,33(6):652-666.

[113] Xu T Y,Qin X S. Integrating decision analysis with fuzzy programming:Application in urban water distribution system operation[J]. Journal of Water Resources Planning and Management,2014,140(5):638-648.

[114] Singh A,Minsker B S. Uncertainty-based multiobjective optimization of groundwater remediation design[J]. Water Resources Research,2008,44(2):W02404.

[115] Liu B D,Iwamura K. Chance constrained programming with fuzzy parameters[J]. Fuzzy Sets and Systems,1998,94(2):227-237.

[116] Jiménez M,Arenas M,Bilbao A,et al. Linear programming with fuzzy parameters:An interactive method resolution[J]. European Journal of Operational Research,2007,177(3):1599-1609.

[117] Köker E, Altan-Sakarya A B. Chance constrained optimization of booster chlorination in water distribution networks[J]. CLEAN-Soil, Air, Water, 2015, 43(5): 717 – 723.

[118] Lee K J, Kim B H, Hong J E, et al. A study on the distribution of chlorination by-products (CBPs) in treated water in Korea[J]. Water Research, 2001, 35(12): 2861 – 2872.

[119] Xin K L, Zhou X, Qian H, et al. Chlorine-age based booster chlorination optimization in water distribution network considering the uncertainty of residuals[J]. Water Supply, 2019, 19(3): 796 – 807.

[120] Nouiri I. Optimal design and management of chlorination in drinking water networks: A multi-objective approach using Genetic Algorithms and the Pareto optimality concept [J]. Applied Water Science, 2017, 7(7): 3527 – 3538.

[121] Sert Ç, Altan-Sakarya A B. Optimal scheduling of booster disinfection in water distribution networks[J]. Civil Engineering and Environmental Systems, 2017, 34(3/4): 278 – 297.

[122] Yoo D G, Lee S M, Lee H M, et al. Optimizing re-chlorination injection points for water supply networks using harmony search algorithm[J]. Water, 2018, 10(5): 547.

[123] Zhang C L, Guo P. A generalized fuzzy credibility-constrained linear fractional programming approach for optimal irrigation water allocation under uncertainty[J]. Journal of Hydrology, 2017, 553: 735 – 749.

[124] Zhang C L, Engel B A, Guo P. An Interval-based Fuzzy Chance-constrained Irrigation Water Allocation model with double-sided fuzziness[J]. Agricultural Water Management, 2018, 210: 22 – 31.

[125] Li X M, Lu H W, Li J, et al. A modified fuzzy credibility constrained programming approach for agricultural water resources management—a case study in Urumqi, China [J]. Agricultural Water Management, 2015, 156: 79 – 89.

[126] Boccelli D L, Tryby M E, Uber J G, et al. Optimal scheduling of booster disinfection in water distribution systems[J]. Journal of Water Resources Planning and Management, 1998, 124(2): 99 – 111.

[127] Ohar Z, Ostfeld A. Alternative formulation for DBP's minimization by optimal design of booster chlorination stations[C]//World Environmental and Water Resources Congress 2010. Providence, Rhode Island, USA. Reston, VA: American Society of Civil Engineers, 2010: 4260 – 4269.

缩 写 表

ACO	蚁群优化算法	HMCR	和声记忆库内搜索概率
ANN	人工神经网络	HMS	和声记忆库容量
BCD	加氯站建设成本	HS	和声搜索算法
BCI	氯投加成本	ID	积分延迟模型
BP	反向传播算法	LM	Levenberg-Marquardt 迭代
CCP	机会约束规划	LOC	最佳阀门状态配置回路算法
Cr	可信度	LP	线性规划法
DBP	消毒副产物	MADM	多属性决策方法
DE	差分进化算法	MaOP	高维多目标优化问题
DMA	分区计量区域	MC	蒙特卡洛
DP	动态规划法	MIR	消毒剂注入率
DR	支配阻力	MOEA	多目标进化算法
EPA	美国环保署	MOGA	多目标遗传算法
FCCP	模糊机会约束规划	MSAA	多目标模拟退火算法
FDM	有限差分法	NDS	非支配解
FNA	快速纽曼算法	Nec	必要性
GA	遗传算法	NLP	非线性规划方法
GG	广义梯度法	NSGA	非支配排序遗传算法
GP-MO	基于高斯多目标优化算法	NSGA-Ⅱ	改进非支配排序遗传算法
GP	目标规划法	PAR	记忆调节概率
GT	博弈论	PCX	以父个体为中心的交叉算子
HBMO	蜜蜂交配优化算法	PDF	概率分布函数
HDP	基于水头损失预处理算法	PF	Pareto 前沿

续表

PHSM	基于速度预处理算法	SPX	单纯形交叉算子
POS	Pareto最优解	THM	三卤甲烷
PSO	粒子群优化算法	TOPSIS	逼近理想的排序方法
RO	鲁棒优化	TSOL	两阶段群优化算法
SA	模拟退火算法	TSP	旅行商问题
SBX	模拟二进制交叉算子	UM	均匀变异算子
SCCP	随机机会约束规划	UNDX	单模正态分布交叉算子
SFLA	混合蛙跳算法	WOA	鲸鱼优化算法
SPEA	强度帕累托进化算法	WSM	加权和法